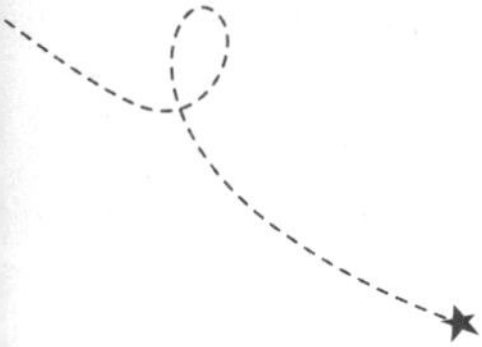

서른 너머

윤혜진

알비

• • • 일러두기

작가의 의도에 따라 모든 문장에 마침표를 찍지 않았고,
전하고 싶은 무게를 쉼표로 표현하였습니다.
문단 나누기 또한 의도적으로 나눈 부분이 있습니다.

짤막한 중얼거림 I

(아마도, 프롤로그)

마흔, 을 상상하지 못했으므로 내뱉었던 말들(해서는 안 될, 말)
마흔, 언저리에 닿아서 알게 된 생각들(떠나는 중, 입니다)
자신을 꾸짖으며 반성하는 마음들(해서는 안 될, 말)
자신에게 남은 삶의 방향을 권유하는 결심들(떠나는 중, 입니다)

마흔, 의 무게감은
함부로 측량 가능한 것이라고 말할 용기가 없어서
나, 라는 사람의 마흔, 에 대해서만 얘기할 수 있게 되고 맙니다.
그런 글입니다.
마흔 언저리에 서성이면서 떠오른 생각들을
조금 오랫동안 여기저기 끄적거리다가
어느 날 한데 모아 아, 이런 생각들을 하게 됐구나, 스스로 알게 된
그 생각이 나만의 생각이 아니라면
떠나는 중인 삶을 더 가볍게 껴안을 수 있겠구나, 싶은
자격 없는 누군가가 감히 인생에 대해 권고하는 글이 아니라
40, 이라는 숫자뿐일 수 있을 나이에 닿아
같은 시기에 도착했거나 예정 중인 사람들에게
이런 생각도 하는 사람 여럿 중의 하나가 되었으면, 하는

평균의 어떤 한 사람의, 단 하나의 마음에서 비롯된 글입니다.
그래서 수줍게 고백, 하는 글입니다.

• • • 차례

해서는 안 될, 말

이쪽, 에서
저쪽, 으로

• • • 차례

떠나는 중, 입니다

떠, 나, 보, 내, 기
떠, 나, 보, 기

해서는 안 될, 말

12년 만에
그만, 이라고 결심한 글자는
해서는 안 될 말, 이었을까
:

해서는 안 될 말, 은 없지
책임지지 않아도 되는 말, 이 없는 것처럼

이 쪽, 에서

•

정리가 되었다
3년이 지난 지금에서야, 완전한 이별을 했다

놓아 버렸고 틀림없다고 자신했지만
미련이 남아 있지 않구나, 돌아가지 않겠구나,
그런 생각에 이제야 확신이 생긴 것이다

자신에게조차 자신이 없었고
드문드문 얼룩처럼 묻은 미련, 과 없던 일로 하면 어떨까, 라는 가정이
간격 없이 수시로 들락거렸던 사실을 인정하게 됐다

•
•
•

다만,
마침표는 찍지 못한다
인생을 단정하는 것이 얼마나 모자라고 못난 일인지
알아 버렸다는 것
, 을 핑계로 둔다

마흔, 이라는 단어는
딱 거기에 도착하기 전에는 제 것이 아닌 것만 같다

서른, 이라는 두려움에 대해서도 그랬다
쉽게 믿기지 않고 끝내 믿고 싶지도 않은 지점에 다다랐을 때
얼마나 사력을 다해 부정하고 싶었나
마흔의 시간에 대해서는 그래서, 더더욱 지레 짐작할 수도 없었다
눈앞에 닥친 분에 넘치는 문제들 때문이기도 했겠고
머나 먼 미래의 소속이라는 단호한 착각 때문이기도 했겠다

저쪽, 으로

그러던 어느 날,
마흔 앞에 훌쩍 다가와 있다
내가 다가간 것인지 그것이 다가온 것인지

생각보다 힘 빠지는 일은 아니었다
생각보다 슬프지도 않았으며,

앞을 알 수 없는 두려움의 양은 달라진 게 없는데
성숙, 에 조금 더 가까워지고 나니 받아들임, 의 문제에
조금 더 대담해졌다고 할까
좋은 징조라고 해 두자
사랑에 대해서도 매번 두근거리면
심장이 남아나겠냐는 헛소리가 있는데
삶에 대해서 두, 근, 반 되는 게
기능을 상실해 갈 심장을 위해 좋은 일이라고 해 두자

사실 가장 좋은 것은
돌이켜 본 지난한 세월의 자신에 대해
반성하는 마음과 교훈 삼겠다는 생각이
서른, 에 당도했을 때보다 마흔, 에
다가와서 깊어졌다는 것

그것을
말, 로 뱉기보다 글, 로 꾹꾹 눌러 쓰고 싶어졌으므로
그래서 마음, 에 꾹꾹 새겨 넣고 싶어졌으므로

... 다행이다

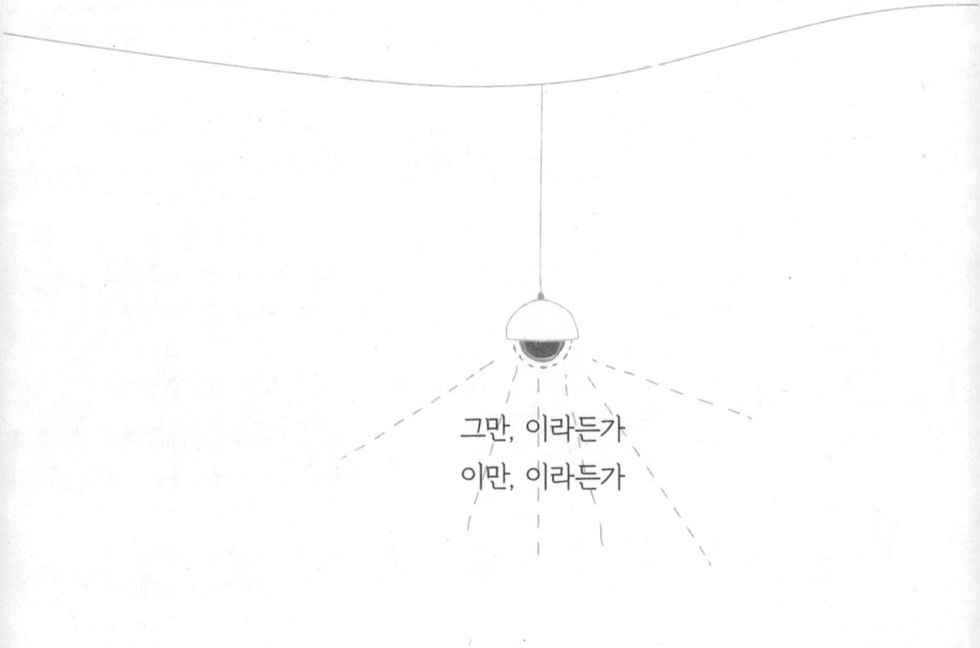

그만, 이라든가
이만, 이라든가

서른
너머

쉽게 해서는 안 될 말이다 참아내서도 안 될 말이지만,
참을 수밖에 없는 시절도 있다

그 시절은 끝내 버겁다
청춘이라면 누구나 청춘이라서 참아냈을 것이다
청춘을 바쳐, 라는 촌스러운 문장이 우리의 아버지나,
우리의 아버지의 아버지나,
우리의 아버지의 아버지의 아버지나,
세대의 각오인 줄 알았는데
막상 온갖 아버지들의 청춘과 닮은 시절에 이르고 보니
그 시절이란, 청춘을 바칠 수밖에 없음을
본능적으로 알게 되는 것이다

그런 시절에는, 행동하는 용기는 배제된
그만두고 싶다, 는 말만 습관처럼 내뱉으며 산다
지금도 얼마나 많은 청춘이, 혹은 청춘을 막 지나치고 있는 사람들이, 이만하면 되었지 않나, 그만두어도 좋지 않나, 를 머릿속에서 꺼냈다가 마음속에 넣어두고 마음속에서 꺼냈다가 애초에 버림받은 꿈과 함께 가슴 깊숙이 매장해 버리기를 끊임없이 반복하고 있나

꿈꾸던 미래는 꿈도 꾸지 않았던 현재가 되어 있고
이만, 그만두지도 못하는 현재는
그래서 꿈이 깡마른 미래가 된다

그런 미래는 두렵다
하지만 그렇지 않은 미래도 두렵다
마음에 들지 않아도 나의 현재,
그것을 포기하면 그 미래도 깜깜하다

그럼,
어차피 매한가지인 두려움을 놓고
선택이라도 후회 없이 하면 어떨까

그럼,
청춘의 끄트머리에서 그만, 이라든가 이만, 이라든가
해서는 안 될 말, 이라 생각했던 말을 행동할 수 있기도 한다
대신 대부분은 또, 후회한다
그럼에도 되돌아가지 않고 어쨌든 살아가게 되는 것은
후회보다 행복, 이라 느끼는 것들이 곱절은 많기 때문이다

게으름이라 손가락질받고도 당당한 여유, 한량이라는 수식을 기꺼이 감당하는 철판 깐 민얼굴, 햇살 좋은 오후에 커피를 마시며 책을 읽는 상상의 실현, 쫓기지 않고 최선을 다해 느릿느릿 걷는 산책, 새삼 푸르고 알록달록한 나무와 꽃의 재발견, 일어나고 싶을 때 일어나고 자고 싶을 때 자는 자에게 불필요한 알람시계, 현생에 지옥을 재연한 출퇴근길 대중교통과의 이별,
햇빛을, 바람을, 구름을, 비를, 눈을, 새소리를, 새싹을, 낙엽을, 피고 지는 꽃잎들을, 오감을 총동원해 느낄 수 있는 특권,

도시 소음으로부터 단절될 권리, 지루하게 반복되는 일상으로부터 퇴출당할 의무, 끝도 없이 잡생각에 허우적거리며 시간을 허비할 자유, 온전히 자신만 최종 승인할 수 있는 수많은 도전에 대한 기꺼운 책임,

행복이라 느낄만한 것들은
누구에게 허락된 것일까

나, 그리고 나

.

.

.

3년, 이 흘렀다
다시 한 번 자문해 본다

그만, 이라든가 이만, 이라든가
그것은 해서는 안 될 말, 이었을까

그때 그랬더라면, 의
가정은
쓸모 있거나 (추억)
쓸모없거나 (후회)

그때 그랬더라면 지금은, 없는 거야 여기엔 안도가 있어서
그때를 가만히 추억하는 일은 명쾌한 법이 없는 현재를 한숨 돌리게 한다
그때라는 과거의 시간에 대해 후회는 없다

아빠의 출장 가방 속에서 엽서를 발견하지 않았더라면 20여년 후에 목적 없는 그런저런 첫 해외여행을 결심했을 것이고,
두 번째 짝사랑을 고백하지 않았더라면 첫 번째 짝사랑과 세 번째 짝사랑을 고백하지 않은 것까지 싸잡아 후회했을 것이고,
우연히 눈에 고인 배너광고에 호기심을 느끼지 않았더라면 내내 투정을 멈추지 않으면서도 12년을 버텼던 특별한 직업을 경험하지 못했을 것이고,
KTX로는 가깝고 마음으로는 먼 부산으로 떠나오지 않았더라면 썩은 동아줄인 줄 알면서도 놓지 못하던 당시를 미련 없이 떨쳐내지 못했을 것이다

그때 그랬더라면 지금 같진, 않았을 거야 거기엔 미련이 있어서
선택하지 않은 과거의 미래를 상상하는 일은 현재의 미래까지도 좀먹는다
그때라는 과거의 시간에 대해 후회만 가득하다

입시 날 점심시간에 친구의 김밥 도시락을 먹어 배탈 나는 일이 없었더라면 목표했던 대학에 입학해 좀 더 당당한 졸업 명함을 내밀 수 있었을 것이고,
내가 좋아하는 사람 말고 나를 좋아하는 사람과 사귀었더라면 덜 상처받고 더 사랑받는 여자라는 이력으로 고독을 잘 견뎌낼 수 있었을 것이고,
별안간의 결심으로 소중한 사람들과 익숙한 장소를 떠나 모든 게 낯선 서울로 가지 않았더라면 타지에서 악착같이 살아내려는 노력에 지치지도 성장기 삶의 약도가 있는 곳에서 길을 잃지도 않았을 것이다

인생 선배들이 젊어서 좋겠다고 부러워하는 때, 나만은 이미 늦은 것만 같은 때, 다 지나고 나서야 깨닫게 되는, 다시 시작해도 절대 늦지 않았던 그때, 그랬더라면, 의 끝자락에 추억보다는 미련과 후회를 달고 지냈던 건 더 괜찮은 삶에 대해 끝없이 욕심을 부리고 싶고 가진 것들에 좀처럼 만족하지도 못하는 어린 떼쟁이였기 때문일 것이다

지금이라면 그러지 않겠지만, 만약 과거로 다시 돌아갈 수 있다고 한다면 장담 한다 나는, 선택하지 않은 길을 후회하는 현재를 똑같이 겪고 있을 것이다 또 그게 못마땅해서 투정을 부릴 것이고,

나이를 먹지 않았다는 건, 무엇이든 시도할 수 있는 열정도 있지만 무엇에든 시비를 걸 수 있는 혈기도 충만하다 나의 삶에 대해서도, 남의 삶에 대해서도
나이(세월)를 얻지 않은 대신 만족도 얻지 못하는 것이다 그래서 비난받아야 한다는 게 아니고 당연하다고 해명하는 중이다 젊은 나에게는 후회된다고 푸념하는 것을 허락하고 싶다

후회되는 것이 많으면 악착같이 변화하려는 젊음으로 무얼 바꿀 수 있지만 젊지 않은 내가 되면 후회된다고 고백하는 것이 자신이 살아온 시간을 부정하는 고약한 슬픔이 될 것이니까

결심한다 지금도 충분히 젊지 않느냐고 충고할 미래에게 부끄럽지 않으려고, 그때 그랬더라면, 의 가정에 쓸모없는 후회보다 쓸모 있는 추억을 남기기 위해 선택, 에 더욱 신중해지기로 행복, 을 선택의 제일로 두기로

후회든, 미련이든,
해서는 안 되는 것이라기보다 해봤자 소용없는 것이었다

곤란한 이야기의 에필로그 : 결혼, 하지 말아줄래

바퀴벌레가 지구 종말 가장 나중까지 살아남는다니, 반드시 결혼을 해야겠구나! 등장만으로 평균수명을 갉아먹는 바퀴벌레의 공포로부터 지켜 줄 누군가가 간절했던, 염려증 대단한 초등학생의 고민은 이제 인생의 중대사 목록에서 밀려났다

결혼에 대한 고민은 2년에 한 번쯤의 간격으로 목격되는 공포 앞에서 아주 잠깐, 장기적인 인생 플랜의 앞자리로 불려 나올 뿐 자취 12년차에 이르러 세월의 두께에 서서히 잠식되었다 오히려 사람에 대한 공포가 몸집을 불릴 때마다 결, 의 부재가 아쉽다면 아쉬웠다

GRAND VIN
PRODUIT DE FRANCE

일차원적인 공포의 몇몇 장면이 나머지 삶을 좌지우지할 수는 없다는 생각, 그게 다행인지 어떤지는 모르겠다 점점 담담해지다가 결국 무감해져서 누군가와 시공간을 공유하는 일이, 감정과 마음을 교차하는 일이, 나머지 삶에 불필요하게 느껴질까 겁도 나는 것이다 그러니, 만약, 바퀴벌레가 지구 종말의 마지막까지 생존한다는 사실이 진실이라면 지구 종말 전에 사랑의 종말을 스스로 선언하는 일이 없게 해 주면 안 되겠냐고 공포 자체인 그것에게 통사정해 볼 생각도 든나 하지만,

남과 여는,
서로에게 일차원적인 이유보다 더 이해할 수 없는 갖가지 이유를 나열하며 스스로 제도를 부추긴다 현모양처의 정성스러운 밥상과 토끼 같은 자식의 출산을 최후의 스펙으로 쌓으려는 의무감으로 남편과 아버지의 명함을 준비하는 비정상적인 사고, 능력과 상관없이 사회로부터 무능함을 강요받기 전에 누군가의 아내로 엄마로 며느리로 33평 울타리 속으로 피신하고 싶다는 비겁한 생각, 결혼을 제도라고 규정짓는 이런 두 사람이 이루려는 가정은 정체가 무엇일까 초등학생의 사소한 공포와는 또 다른 공포에 사로잡혀 부실한 미래를 건설하려는 건 아닐까

결혼하고 싶다, 는 말에 사랑이 0순위로 전제되어 있지 않다면, 곤란한 이유의 결론으로 결혼을 결심하고 있다면, 결혼하지 말아 달라, 는 좀 이상한 결론을 애걸하게 된다

결혼하자, 는 고백이 함부로 관계를 얽어매는 자물쇠가 되어서는 안 된다고 반성하게 된다

결혼으로 맺어진 관계의 복잡한 고리는 돌이킬 수는 있으나 맨 처음의 순결한 그것으로 완벽히 되돌리는 열쇠는 존재하지 않을 것이므로

내가 만약
외, 괴로울 때면
누가 나를

외롭다는 말의 깊은 의미를 머리로만 알던 때가 있었다 어떤 이들은 20대에 이미 이 말을 삶의 깊이로 이해하기도 하지만,

너는 외롭지 않아?, 라는 질문을 받은 건 20대 중반이었다 동갑내기 이성 친구로부터, 20대라면 솔직한 대답이 부끄러울 것 없다고 생각했다 외롭다는 단어의 속뜻을 모르지 않아서, 외롭다고 느껴진 적 없다는 대답은 진심이었다 외롭지는 않은데 심심하다는 생각은 자주 한다는 대답을 덧붙였다 집으로 돌아온 후 그 날의 솔직함을 후회했다 딱 보기에도 또래와 인생의 깊이가 다르다고

막연히 느끼던 동갑 친구에게 성인 인증을 받은 지 몇 년이나 지난 20대 여자가 마냥 어리숙하게 보였을 게 억울했다

여아(兒)에서 여자(子)로의 성징이 늦어 심심함, 과 외로움, 의 차이를 늦게 깨우친 건지도 모른다는 비과학적인 추론을 계속 해왔다 외롭다는 말이 진심으로부터 쏟아져 나온 30대 초반까지 쭉,

외롭다, 는 말이 얼마나 위험한 말인지 이제 안다 외로움을 견딜 수 없는 밤에 져서 쉽게 내뱉어서는 안 될 말이라는 것을 안다 외로운 밤도 모자라 훤한 대낮에도 사무치게 외로워지는데도 내가 만약 외로울 때면 누가 나를 함부로, 위로해 줄 수는 없는 것을 알아 버렸다

외로움 못지않게 견딜 수 없는 괴로움, 은 덤이다 외로움 때문에 괴로움이 커지기도 한다 외로움보다 괴로움이 더 사납게 구는 때도 있다 외로움은 정신에서 오지만 괴로움은 정신에 더해 몸에서도 온다 외로움에 뒤척일 뿐이지만 괴로움에는 뒤틀린다 외로움은 감출 수 있지만 괴로움은 감춰지지 않는다 그러다가 내가 만약 외로울 때, 보다 괴로울 때, 위로해 주고 보살펴 줄 사람이 절실해지는 때가 온다 혼자 늙는 것이 몹시 서러워지게 된다

외로움에 대해 가만 돌이켜보다가 괴로워한다

나 요즘 외로워, 라는 고백이 관계에서 위험에 노출되는 순간보다 삶에서 위험에 내던져지는 순간이 오는 그 경계에 서서 초조해 하기 전에, 차라리 위험한 관계를 두려워하지 않는 게 후회가 없을지도 모르겠다고, 그래야 후에 괴로움이 덜할 것 같다고,

외롭다고 고백, 하는 게
외롭지 않다고 고집, 하는 것보다
나은 건지도 몰랐다
그걸, 몰랐다

너는 늙어서,
뭐가 될래?

어린 시절 꿈, 에 대하여 끊임없이 받아야 했던 질문은 청춘이 지난 자리에 성형하고 더 노련해진 모습으로 재차 다가와 너는 커서 뭐가 될래, 라고 묻기에는 너무 커버린 어른에게 묻는다 너는 늙어서, 뭐가 될래?

어린이는 투박하고 순수한 한 줄의 질문에 청춘의 미래를 그리고 어른은 어떤 때에 기습적으로 들이닥치는 꼭 같은 질문에 노후의 미래를 걱정한다 동일 인물이 그리는 꿈은 이미 달라져 있다 하지만, 나이가 차곡차곡 쌓여도 그럴듯하게 차곡차곡 늙어가는 꿈도 필요하다

너는 커서 뭐가 될래, 이제 아무도 그렇게 물어봐 주지 않지만 청춘이라 규정되는 시기보다 훨씬 더 긴 생이 남아 있으므로 꿈에 관한 의문문은 여전히 유효한 질문, 중요한 질문이 된다는 것 꿈이 꿈꿔 달라고 팍팍해진 삶을, 딱딱해진 가슴을, 후벼 팔 때 그 질문을 방관해서도, 사양해서도, 외면해서도 안 된다는 것 그것을 깨닫게 될 때 지체 없이 근사한 대답을 할 수 있게 되기를 다짐하고 다짐한다

미래의 내가 무엇이 되어 있는지는 갈림길에 섰던 현재의 내가 어떤 선택을 했는지에 달려 있었다 하루가 지날 때마다 동나지 않는 현재는 늘 내 앞에 놓이지만 무한한 기회를 주는 듯 사기 치는 현재에 속아 선택의 순간을 자꾸 미루면 미래는 꿈과 동떨어진 곳에 자리를 펼 것이었다 그러므로 어떤 현재, 에 어떤 선택, 이 옳은지 주의 깊을 필요가 있었다 꿈에 관한 질문에 항상 마음을 열어 둘 필요가 있었다 늙어서 뭐가 될지 꿈꾸기를 게을리하지 말아야 했었다 그래서 다른 무엇보다, 나의 미래를 위한 가장 훌륭한 답을 찾아 헤매야 했었다
모두에게 정답인 답이 아닌, 나에게 딱 좋은 오직 그, 답

꿈에 관한 한 줄의 질문이
청춘이 지난 자리에 와 있는 나에게는
왠지 해당되지 않는 질문이라는 생각은,
해서는 안 된다
그런 실수는 지금보다 더 늙어서도,
하지 말아야 한다

무엇보다
꿈, 에 관하여
사라졌다, 거나 잃어버렸다, 거나 그런 사정으로
없다, 라는 꿈과 어울리지 않는 서술어를 함부로 붙여버리는 것,
입 밖으로 뱉어버리는 것, 때문에 기정사실이 되어 버리는 것,

진짜,
해서는 안 될 말, 이지 않겠나

네 맘 다 알아, 라는
개 풀 뜯어 먹는 소리

진짜 어려운 아픔은
누군가에게 하소연할 수 없으므로
사람은 외롭다
행여 용기 내어 꺼낸 아픔을 들어 줄 사람이 있다 해도
그 심정의 진짜는 끝내 알 수 없을 것이므로
사람은 결국 외롭다, 로 마무리된다

자신을 뼛속까지 이해하고
완벽하게 위로해 줄 수 있는 사람은
나 하나밖에 없다, 는
사실을 깨닫는 순간,
내 몫의 온전한 외로움은 죽을 때까지 내 것이다

나눌 수 있다고 믿었던 순간도 있었고
그럴 수 있다고 믿고 싶었던 순간도 있었지만
너의 마음을 다 안다, 는 상대의 위로가

개 풀 뜯어 먹는 소리에 지나지 않는다는 걸
안타깝게도 언젠가는 수긍하게 된다
후로는 나 역시도 너의 마음에 대해
함부로 아는 척을 할 수 없게 된다
이렇게 사람과 사람 사이는
완벽한 이해가 결여된 채로 살아갈 수밖에 없다는 걸
아쉬워하는 것 말고는 다른 방도가 없음을 알게 된다

대신,
무작정 슬프지는 않다
너의 마음을 다 이해할 수 있다고 믿었던 때가 오히려 슬펐다
그 믿음에 배반하는 서로를 발견했기 때문에 한없이 괴로웠다
사랑으로도 극복할 수 없는 고통의 깊이, 이해의 배반,
이 당연한 걸 알게 되는 때에는
오히려 슬픔의 늪에 빠지지 않을 수 있다

하지만,
그때에 당도하지 않은 동안은
너의 마음을 다 안다, 는
헛된 말이 하고 싶어질지도 모르는데 그마저,
결코 해서는 안 된다고 단정하고 싶지는 않다
위로라 착각할 만한 그 말이 그다지 필요하지 않다는 걸
알게 되기를
그렇게 사랑과 이해가 깊어지기를,

사람이 외로운 것은 결국 어쩔 수 없는 일이라는 것을
그 사실이 삶을 해치지 않는다는 것을,

시간이 겹겹 포개진 후에
자연스럽게 알게 되면
충분할 뿐이다

당연한 것, 의
불편함

우정과 우정 사이에서 당연한 것의 불편함

잔뜩 슬픈 얼굴로 다음과 같은 말을 하지 않아야 한다
우리 친구잖아,
친구 사이에 그것도 못 해주나
너와 나의 관계를 들먹이며 나를 충족시키려는 마음은 이기적이다
우정을 빌미로 나의 짐을 일부 지울 수 있다는 당연한 생각은 불편하다
진정한, 이란 깊이가 모자란 이름뿐인 관계로 우정이 종결될 수 있다

진짜 친구는 원망을 묻힌 질문을 던질 필요가 없다 그는, 나의 표정을 읽어내 위로를 애걸하기 전에 먼저 손을 내민다
나의 심정을 공감해 달라고 보채지 않아도 어느새 마음을 쓰다듬어 준다
10년을 알고 지내고도 낯설게 느껴지는 친구가 서운한 적이 있었다

우리의 깊이에 대해 홀로 심각했던 적, 홀로 한숨 내쉰 적이 있었다
기쁨은 나누어 배가 되는데 슬픔은 나누지 않아 반으로 줄지 않는 반쪽의 관계, 그것이 우리 우정의 민낯이 아닌가, 낙담했었다
사람이 다 같지 않아서 우정의 모습도 다른 낯을 한다 그래서, 평생 목격하는 온갖 종류의 우정에는 다름, 은 있어도 틀림, 은 없을지 모른다 나의 모든 우정에 대해서도 틀림, 은 아니라 생각을 고쳐먹는다
서운한 적이 있다 해도 친구가, 친구가 아닐 수는 없다

진정성의 농도를 가늠해보던 순간에 알았다
내 책임이 컸다
내가 원하는 기준에 너의 우정을 어떻게든 끼워 맞추려 했으니까
이런 마음의 결론은 최근의 일이다
낯설게 느껴졌던 내내는 우리 우정의 옅은 빛깔이 아쉬웠다
결국 알게 된 것, 선명하지 않아도 독특한 빛깔을 가진 우정은 우리다운 것이었다
우정 사이의 당연한 기준이 진심으로 합의된 것이 아니라면, 평행이 맞지 않는 기울어진 당

연합을 지키지 않는다고 비난하는 비틀린 우정은 불편하다
둘 중 누군가가 공평하지 않은 기울기마저 기꺼이 껴안으면 모를까 당연한 것, 의 잘못된 이해로 견고한 것, 이 무너지는 순간이 오지 않을까, 염려해야 한다
친구라는 관계에서, 우정과 우정 사이에서,

우린 친구잖아, 지켜야 할 것은 지켜야, 지켜지는 사이지

사회적 관계에서 당연한 것의 불편함

항상 처음, 만 어색할 뿐이다

작가님, 선생님, 30대가 되기 전부터 일찌감치 버거운 존칭이 익숙해진 것은 당연하게 생각했기 때문이 아니라, 수많은 만남마다 손사래치는 번거로움을 어느 때부터 슬쩍 내려놓았기 때문이다 그러다 점점 아무렇지 않아졌기 때문이다

호칭에 부응하는 능력, 직함에 합당한 영향력, 그것에서 얻게 될 혜택과 배려를 바라는 사람들은 인생을 훨씬 덜 산 자식뻘 되는 사람에게 원하지 않아도 구태여 극진한 대접을 해 주었다

분에 넘친다 하면서도 시간이 흐르면 자연스럽게 받아내고 마는 대우, 이를 당연하게 여기는 순간에 세심하게 헤아리지 못하고 마는 상대의 본심과 의도, 그런 것들을 다시 챙겨 들려 할 때는 이미 떠나버리는 호의,

당연히 누려야 하는 것은 하나도 없었다 당연히 누려도 된다고 유혹하는 상황들이 숱하게 연출되지만 사회의 그러한 면에 급속히 적응하는 순간, 불편한 것들 또한 급속히 늘어갔다

허투루 얻을 수 있는 것은 없다 기대, 대가, 원망, 시기 따위가 끊임없이 주위를 옥죄어 온다 가식과 동의어나 다름없는 친절은 쉽게 불친절해진다 사회는 철저하게 내 편, 내 것이었던 것들을 내일 돌아서게도 만든다 진심보다 이해로 얽힌 관계에서 영원한 것은 없는 것이다

살아오면서 가장 많은 사람을 만나지만 가장 많이 헤어진다 당신은 나를 떠나거나 모른 척하고 나 또한 당신에게 등을 보인다 그런 각박한 시간 속에서 어렵게 건진 월척 같은 동료도 있다 하지만, 나의 현재와 관계 맺은 동료, 에서 나의 과거와 나의 미래를 모두 나눌 수 있는 동지, 로 발전하기 위해서는 더 많은 시간과 마음의 할애가 필요하다

빼앗기고 버림받은 후에 알게 되는 것은 너무 늦다 당연히 여기는 동안 이미, 당연하지 않은 내일로의 절차가 진행되고 있다는 걸 모르고 만다 누려 마땅하다, 부려 마땅하다, 마땅한 것들로 자존감을 높이려 하다가는 결국 불편한 현실을 맞닥뜨리게 될 것을, 미리 알았더라면 얼마나 좋았을까

도덕적으로 당연한 것의 불편함

장발장이 빵을 훔친 것을 한참을 건너들은, 그 속사정은 모르는 사람들은 법적인 제재와는 별개로 그의 비도덕적인 행위에 대해 화를 참지 못하고 손가락질한다

행여 가까운 이웃이라 하더라도 당사자들은 참아 낸 정의를 거역하고만 그를 쉽게 이해하려 들지 않는다

그들은 빵을 훔친 이유를 알기도 전에, 알려고 들지도 않는다

도덕적으로,

빵을 훔친 것이 잘못일까, 무작정 비난하는 것이 잘못일까,
도덕(윤리) 교과서에서 배운 대로 판단하고 행동하는 것이 정답이라 여기며 오래 살아왔다 유연하지 못해서 하던 대로만 하고 걷던 길로만 걸었다
성인이 되고 더 큰 세계로 흘러들면서 누구나처럼 혼란에 빠졌다
법 아닌 도덕은 원인은 다른 똑같은 잘못에 대해 동등한 기준을 적용할 수 없으므로 법과는 다르지 않나, 법이 아닌 도덕적인 잣대를 들이밀다가 오히려 비도덕적인 상황에 빠져버리기 십상이지 않나, 법보다 객관적이지 않은 도덕적 고집은 참으로 위험하지 않나, 도덕적이라 믿었던 수많은 확신에 의심을 하게 되었다

시간이 지날수록 꿋꿋하게 지켜왔던 규칙들이 스스럼없이 무너진다
도덕적으로 당연하다는 생각 자체, 가 불편해진다

다른 이들은 자신의 옳음에 대해 얼마나 확신하고 있을까
장발장을 비난하던 사람들은 오늘날에는 네티즌들이다
더 위력적인 혀를 가진 사람들이다
익명을 방패 삼아 겁 없이 흉기를 휘두르는 난폭함이 무섭다
스스로 도덕적이라 자신하며 맹렬히 비난을 일삼는 확고한 믿음은
더 무섭다

도덕적, 윤리적 기준에 반하지 않는다는 자신의 믿음에 배반당해 틀림, 을 깨달았을 때 통째로 흔들리는 삶을 어떻게 감당하려는 걸까
생각했던 게 생각했던 것과 다르고, 믿었던 게 믿었던 것과 다를 때, 불편함은 마음에만 그치지 않고 전 생애를 뒤흔든다 영영 휘청거리지 않으려면, 그러므로 내가 품고 있던 모든 정답을 뒤흔들 각오쯤
해야 옳다

너무 늦지 않아야 한다
다수의 정의가 나를 흔들어도 쉽게 동요하지 않는 고집이 빳빳한 때, 소수의 정의는 나를 뒤흔들 자격이 없다는 오만으로 가득한 때, 가
모두 지난 후에야 깨닫게 되는 것은
부끄럽다

그리고 무엇보다 피를 나눈 운명적 인연이라서 간과하는 불편함

아빠는 대접받아야 마땅하다고 한다 가족을 위해서 평생을 봉사해 왔다고 한다 창창한 시절을 가족을 부양하는 데 바쳤으므로 뒤늦게라도 무엇이든 해다 받쳤으면 좋겠다고 한다 세월이 준 나의 지식과 경험은 옳으니 무조건 동의하고 따르라고도 한다

엄마는 희생하는 게 당연한 사람이 되어 있다 가족 중 누구에게도 이겨서는 안 되는 늘 져주는 사람이다 티도 나지 않는 평생의 가사노동이 당연하다고 한다 집안과 자식의 몹쓸 일은 자기 탓이라는데 이의를 제기하지 않는다

결혼한 딸은 친정과 시댁에 출가외인과 며느리

라는 매뉴얼대로 행동한다 과거에 속했던 가족은 현재와 미래에 속하는 가족에 밀려 그녀에게 뒷전이 된다 손주이며 조카인 자신의 아이들이 내리사랑의 일 순위가 되길 원한다 아이를 낳고 엄마를 이해하게 됐다고 눈물을 흘리지만, 행동은 자주 상반된다
막내아들은 평생 막내다운 것을 허락받은 것으로 여긴다 장남처럼 굴고 싶어 하면서 수시로 막내임을 피력한다 최초의 호적에 끝까지 살아남지만 행동거지나 마음 씀씀이는 출가외인보다 믿음직하지 않기도 하다 아버지가 되지만 아버지를 온전히 이해하고 용납하지는 못한다

물론, 극단적으로 바람직하지 않은 당연한 것들의 열거이다 그래서 불편한 문장들이다 모든 대한민국의 아빠, 엄마, 아들, 딸이 천편일률적으로 형편없을 수는 없다
요는,

가족은
당연하다고 여겨도 되는 유일한 관계지만, 당연하다고 여기는 순간 의무와 책임만 흥건하고 사랑은 증발하여 버린다
아무런 노력 없이도 죽을 때까지 끊어지지 않는 단단함으로 묶여있다고 착각하므로, 인간 대 인간으로 놓고 보면 혈연 아닌 다른 것으로 더 돈독하게 맺어지고 지속하여야할 관계, 사정없이 노력해야 하는 관계라는 것을 일찍 깨닫지 못한다

어려서는 그렇다 그런데, 성숙했다는 순간이 와도 오래 묵은 자신의

주관과 고집을 버리지 못하고 가족이라는 관계를 내세워 뭐든 다 껴안아 달라고 악다구니를 쓴다 미안해하면서도 쉬이 미안한 짓을 하고, 고마워하면서도 쉬이 고마워하지 않는다 사랑하는 마음에 대해서는, 타인에게보다 특별히 더 잘 표현해야 할 필요를 느끼지 않는다

당연히 알겠지, 라고 마흔이 다 되도록 그렇게 믿고 싶었던 것이다
필요할 때마다 응석 부릴 줄만 알았지, 나 아픈 것만 징징거릴 줄 알았지, 타인에게보다 더 귀를 열고 마음을 열었어야 하는 것을 여태 모른 것이다
왜 가족은, 상처 주기를 서슴지 않고, 보듬어 주기를 소홀히 하고, 중요 순위에서 자주 밀려나는 걸까 아마도 늘 그 자리에 그 마음으로 있을 거라고 자만하기 때문에,

영원한 것은 아무것도 없더라, 는 나지막한 읊조림이 흘러나온다 그 읊조림 속에는 너무도 소중한 가족이 포함되어 있더라, 고 새삼 깨닫는다 그걸 알게 되고도 또, 못난 짓을 되풀이하고 마는, 우리는, 가족이더라

당연한 것, 이 부재할 때 불편이 편해진다

상대가 편하고, 누구보다 내가 편하다
당연한 마음을 덜어내고부터, 예전보다, 나는 훨씬 편안해졌다

실례를 하고 있다는 사실을 잊고, 감사한 일들을 당연하게 여기다가,
당연한 것들의 불편한 진실, 을 뒤늦게 깨닫게 되는 불편한 진실
좀 더 일찍 깨달았으면 좋을 일이었고
더 늦지 않게 깨달아야 좋을 일이다

돌려주지 않음, 의
보복

첫 번째 살던 집에서
두 번째 살게 될 집으로 이사를 준비하는 동안
반지가 사라졌다
싸놓은 짐을 수차례 뒤지고
모든 공간의 구석구석을 샅샅이 살펴봐도 없다
나에게는 없는 것이 되어 버렸다
애초에 없었던 것처럼,
처음엔 집을 보러 온 사람들 모두를 의심하고 동행했을 중개업소 사람들을 의심했다 한동안 의심은 마음의 전부, 였다
돌아오지 않은 반지의 행방과 반지에서 비롯된 추억을 옛집에 남겨두고 떠나왔지만 새 공간에 미래를 풀어놓으면서도 두고 온 과거에 미련을 두었다

대체 그 반지와 그 반지의 과거는 어디로 사라진 걸까
한 달이 훨씬 지날 때까지, 바삐 일하던 틈틈이 생각의 짬이 생기면 반지를 떠올렸다
생각은 사납게 몸부림치다가 제풀에 잠잠해졌다
그때 깨달았다

반지는, 내 것이 아니라서 나에게서 떠난 것일 뿐이다

내 것이 아니었던 것에는 욕심내지 않아야 했다
상대에게 소중한 것을 빼앗은 것과 다르지 않았다

마음에 대해서도 그렇다 받지 않을 마음은 돌려주어야 했다 받지 않을 거면서 붙잡아 두어서는 안 되었던 것이다 돌려주지 않았던 것은, 내가 떠난 것이라 하면서도 나를 떠난 것이었던 아픔에 대해 책임을 물으려 한 것이었다 상대는 알지도 못하게, 최대한 멍청하게, 상대를 향한 일방적이었던 원망에 뒤늦게 미안한 마음이 생겼다

다행히도, 소중한 것을 잃고도 더 소중한 사람들을 얻었다는 소식이 들리니 나에게도 다행이며, 위로이다 상대가 의도하지도 않았던 보복은 돌려주지 않은 나의 이기적인 마음으로부터 도망친 반지가 대신 해 주었으니 당신도, 나도, 각자 아름답게, 행복하게 지냈으면 좋겠다

나와 같은 누군가도,
이런 멍청함은 되도록 뽐내지 않았으면 좋겠다

란제리 숍에서는 보다,
당당하게

롱 스타킹은 보다,
충분하게

사기를 치는 일은 생각보다 간단하다
잘 생각해보면 자주, 죄책감 없이 그 일을 저지르곤 한다
모든 여성의 경우는 아니지만 더 젊었던 시절,
속옷가게에서 자존감을 높이는 방법으로
속옷 사이즈를 부풀려 우긴다

일종의 사기다
다만 타인에게 피해를 주지 않는다는 점에서
죄질이 무겁지는 않다
그럼 사기란 단어는 너무 과했나
귀여운 거짓말 정도가 적당했나

왜 그랬을까
이유를 밝혀 무엇 하나 설명하지 않아도
다 아는 사실에 대해
젊은 시절에는 자존심이나 자신감과 연결된 문제를
포기하기가 힘들다
자리를 선점하는 기 싸움에서 밀리는 것 같아
패를 다 드러내 보일 수가 없다
하지만 세월은 평균의 성실한 이들을
아마추어에서 프로로 업그레이드해 주고
어떤 패는 오히려 꺼내 보이는 것이
가치를 높여준다는 걸 알게 해 준다

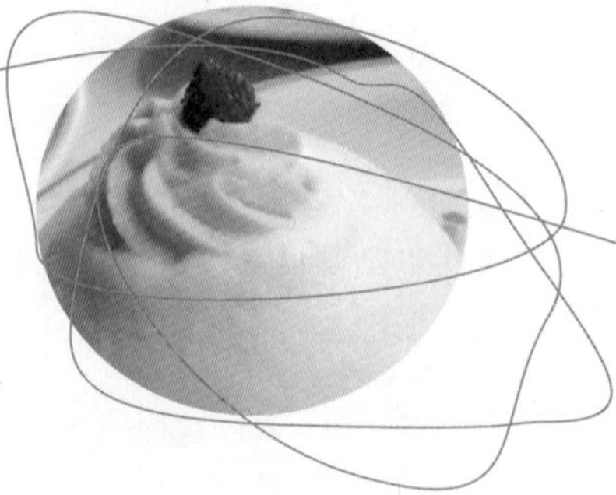

이를테면,
치마를 입긴 해야겠는데 흐른 세월
앞에서 맨다리를 드러낼 수 없다면
롱 스타킹을 충분히 장만해두는 게 현명하다
현재를 받아들이는 일,
그럼으로써 세상의 칼바람으로부터 자신을 무장하는 일,
그게 하나도 자존심 상하지 않을 때라면 물론
란제리 숍에 들어가서도 제 사이즈를 골라 드는 당연한 일을
자연스럽고 당당하게 해내고 있을 것이다

너무 사사로운 것으로 삶의 어떤 것에 대해 함부로 들먹이지 않았나 싶은데 누추한 사건에도 통상적으로 훌륭한 결론을 짐작했으리라, 억지 확신해버린다

이를테면,
자신을 속이는 사사로운 행동조차 굳이 해서 좋을 게 없다
자신의 가치를 높이는 것이 무엇인지 아는 이가 아름답다
하지만 어떤 시절에는 그러고 마는 것도 나쁘지 않다
하지만 어떤 시기가 지나고 나면
유연하게 바뀔 줄 아는 게 좋지 않겠나

미처 알지 못했던 것들, 을
이제야 깨닫게 됐지만

너무 빨리 다다른다
시간이 그리도 부리나케
달아나지는 않을 거라는 착각은
호전적인 젊음이,
젊어서 부리는 허세였다
결과는 그 많던 시간이 과거, 가
되어버린 것으로 보여 준다

쏜살같다, 는 말을 입 밖으로 내뱉는 순간부터
더는 젊지 않다는 것을 인정할 수밖에 없다는 것, 은
조금 서글픈 일이다
좀 더 슬픈 것은 그 상황 앞에 닥치기 전까지는
누구도 미처 알지 못한다는 것이다

오늘은 월 화 수 목 금 토 일입니다, 라는 문장을
문득 생각한 날이 있었다
심정이 심정 같지 않아서 시든, 소설이든, 뭐든,
이 문장을 글로 쓰고 싶다고도 생각했었다
불공평하게도 오래 글을 써왔으면서도 정작 쓰고 싶은
글을 쓸 능력은 부재했다
모든 날이 복사기로 찍어 낸 것처럼
지루하게 반복되고 있던 때였다
기계적으로 사느라 그 사실이 자신을
얼마나 짓누르고 있는지는 모르고 있었다
어울리지 않는 화려한 치장을 욕망해서
소박한 마음을 외면하고 있었다
영영 모르고 지나쳐가거나 알고도 알은 채
하지 않는 것이 운이 좋은 건지,
어느 순간 그냥 넘어갈 문제가 아니라고
판단할 수 있게 되는 것이 다행인 것인지,
나는 후자였다

앞으로 남은 시간이 많으니까, 라고
되지도 않은 위로를 하는 동안
앞으로 무얼 할 수 있는 시간이 그리 많지 않다는 것을
알게 되는 순간이 온다
그때 뭘 어떻게든 해 보려고 하면
아무것도 준비된 것이 없어 소심해진다
그래서, 준비될 동안만 잘 버텨보자고 한다 그런데,
이미 시비를 걸어온 삶은 잘 버텨지지 않는다
잘 버텨지지 않는데 잘 준비되지도 않는다
특히 나라는 인간은 두 가지 생각도, 두 가지 행동도,
한 가지가 넘는 것은 어떤 것도 동시에 하질 못해서
결국 버티는 것도, 준비하는 것도, 제대로 하질 못하고
만다

그럴 때는 어쩔 수 없이 결단을 내려야 한다
버티든가, 말든가,
이미 밝혔듯이
나는 마는 쪽을 선택했고
미련으로부터의 완전한 이별, 선택과의 완전한 시작, 을
하기까지
3년이 걸렸는데
사실, 버티거나 말거나 의 사이에서 갈팡질팡하는데도
3년을 허비했다
그러니까 모두 6년

이제 깨닫게 되는 것은,
조금만 더 용기를 내었더라면
6년의 세월을 반으로 줄일 수 있었을 거라고 후회할
내 모습은 예전엔 미처 알지 못했던 것, 이라는 것
하지만,
시간이 흘러서야 알게 되는 것들에 대해 후회할 필요도
미처 몰랐음을 자책할 필요도 없는 것 같다
더 오래 걸릴 수도 있었을 것을 지금이라도
잘 해내었다고 격려하는 편이 훨씬 나으니까

이제야 깨닫게 되는 것들은,
그러니, 더 나은 다음을 위한 지침으로 삼으면
그뿐이다

그것은 알아주기를 바람, 의 폐해와 동일한 질량의 것이다

미안해, 고마워, 라는 말을 입에 달고 산 적이 있었다 지금보다 어렸을 적이었다 그러다가 정작 저 말들의 필요성이 절실한 순간에는 입 밖으로 내는 일이 잦아들었다 조금은 탓, 을 하고 싶다

마음, 을 제대로 표현하지 않는 잘못

서울로 올라온 지 2년이 지날 무렵, 사회인이 틀림없다고 확신한 지는 1년이 지날 무렵까지, 사람 대 사람의 일에서 그 내용이 미미하고 보잘 것 없어도 미안한 건 미안하다고 고마운 건 고맙다고 얘기하는 게 옳은 행동이라고 생각했었다 그것이 습관일지라도,

어떤 날, 조그마한 지적쯤은 할 수 있는 사이가 된 동갑내기 동료에게 말을 들었다
뭐가 미안하냐, 왜 그렇게 미안해 하느냐, 넌

늘 미안하다고 말하는 이상한 사람, 의외의 의문문들이었다 그런 소소한 일에 미안해하는 사람은 없다는 것이다, 미안하다는 얘길 자주 하니까 부담스럽다는 것이다, 개인적인 의견이 아니라 통상적인 정서라는 것이다, 의외의 평서문들이었다

서울의 정서, 라고 치부하번 인 될 것 같은데 지내보니 대체로 그렇긴 했다 사회인의 명찰을 달고 만난 주변인 통계로는 수긍이 되는 사실이었다 어쨌든 조언일 법한 그의 말이 계기가 되어 작은 일에 쉽게 미안하다는 말을, 고맙다는 말과 더불어 잘하지 못하게 됐다

약간은 뻔뻔한 정서에 동화되어 갔다 당연하게 여겨지자, 대화와 이해와 오해에 필요한 말들을 생략하게 됐다

마음을 표현하는 것에 있어 예전의 나는 과했지만, 지금의 나는 부족하다
소속된 정서에 대한 결론은 변하지 않았다 그럼에도, 과해서 불편한 것보다 부족해서 서운한 게 결코 나을 것이 없다는 걸 알게 되었다

사이의 깊이가 깊어질수록 우리의 우정에서도, 혈연에서도, 단순한 관계나 그 이상과 이하에서도 마음을 표현하지 않으면 관계는 잘못, 된다 그리고
관계가 잘못되는 것은 표현하지 않은 사람의 잘못이다

나는, 당신은, 마음을 제대로 표현하지 않으면서 이해해주지 않는다며 관계를 망치고 있는 것이다 대체로 소중한,

마음에 불필요한,
이것 한 가지 더

마음을 제대로 표현하지 않는 잘못, 의 덧붙이기

관계 사이에 자존심을 끌어들이면,
그래서, 만나고 싶어도 만나지 않는 상황이 생기면
서로 오해했다는 사실은 하나도 중요해지지 않고
너를 더 많이 이해할 수 있었을 시간,
너와 더 많은 추억을 만들 수 있었을 시간,
소중한 어떤 시간은 몽땅 잃는다

영영 보지 않을 관계가 있을 수 있다
언젠가 한 번은 보고 싶은 관계가 있을 수도 있고
영영 보지 않을 거거나
평생 딱 한 번만 보고 싶을 게 아니라면
보고 싶고 만나고 싶은 관계의 누군가에게는
자존심을 접어야 한다
자존심 그거, 하나도 지킬만하지 않다

이렇게 깨닫게 됐는데
그런데도, 사람과의 관계에는 불구라서
이 나이에 누군가에게는
자존심을 부리고 있지마는

부모, 가 점점 존경할만하지 않다는 것

나이가 들수록 부모가 존경스럽지 않다 진심이 농축된 존경심(心)에 대해서는 결코 아니다
지적인 면모, 품위, 행동거지, 사회적 능력치, 등등과 같은 것들에 대해서
자식이 나이가 쌓이자 지적 수준은 아비, 어미를 앞지르고, 늙어가는 부모는 신체 기능의 쇠퇴로 품위를 잃기도 하며, (입가에 묻은 음식을 인지하는 감각이 떨어져 늙으면 입가에 뭘 자꾸 묻히게 된다지 않나)
행동거지를 똑바로 하라며 가르치던 부모의 기준은 시대에 뒤떨어지거나, 알고 보니 부모가 했던 말이 항상 옳은 것만은 아니라는 것이 드러나기도 하며, 사회에서 소외되는 시기를 맞은 후 점점 멀리 외떨어질수록 부모는 능력 없음, 의 전형이 되어버리기도 하는 것이다 이 모든 것이 의도와 노력과 상관없이,

객관적, 으로 존경할만하지 않는다 그런 마음을 단 한 번도 먹어보지 않았다는 거짓말
남이면 가식적인 얼굴로 입에 발린 말을 천 번도 뱉어내겠지만 부모와 자식 간에는 솔직한 생각을 여과 없이 드러내기도 해서, 삐딱함 100%가 충전되면 마음과 달리 더는 당신을 존경하지 않음을 표출해버리기도 한다
두 번 말하지만, 존경심(心)이 없는 것은 아니다 세상의 모든 부모는 객관화된 어떤 존경의 기준으로 통계 낼 만하지 않은, 존경하는 마음을 받아 마땅한 것을 마땅

히 지니고 있으니까 그런데도 이성은 영악하고, 입은 교활해서, 진심과 어긋난 말과 행동으로 부모를 비난하기도 하고, 원망하기도 하고, 무시하기도 한다 부모가 점점 존경할만하지 않는다는 건 당연하다는 듯이, 머리 큰 짐승이 되는 순간이다

님, 이란 글자 하나가 가장 의미 있는 순간은 선생, 작가, PD, 변호사, 의원, 대통령, 이란 호칭이나 직함에서보다 부모, 라는 두 명인 한 단어 뒤에 붙을 때일 것이다

세월이 흐르면서 나와 당신에게 부모님은 원망스러울 때도, 답답할 때도, 이해할 수 없을 때도, 이러저러한 때도 잦지만 세월 앞에서는 우리의 부모님들도 결국 위력적이지도 저력을 보여주지도 못하지만

그렇지만,

아빠, 엄마, 진심으로, 존경합니다

우리는 마음으로만, 말고 기회가 사라지기 전에 말, 해야만 한다

복숭아를 닮고 싶어, 라는 마음의 정체

2년 전 여름,
그러니까 현실이 마구 훌륭하진 않아도 몸과 마음은 평화롭던 백수 1년 차, 의 어떤 날 크고 탱탱한 복숭아 한 알을 눈앞에 두고서 무척 부러운 마음이 되었었다

생기 넘치는 핑크빛이 감도는 색감, 아기 솜털 같이 부드러운 껍질, 하얗고 뽀얀 빛을 내는 속살, 달달하고 상큼하게 고이는 과즙, 분명 순수하고 무구한데 야해 보이는 매혹적임에 소름이 돋았었다

그 순간의 느낌을 남기고 싶거나 공유하고 싶어서 SNS에 복숭아의 초근접 사진과 함께 몇 줄의 글을 올렸었다 그리고 글의 마지막 문장은 이랬다

복숭아를 닮고 싶어

그 문장에는 그때의 마음이 또박또박 담겨 있다 단순히 내겐 없을 복숭아의 생김이 매력적이라는 것 이외의,

12년 만에 하던 일을 그만두었고, 하릴없이 1년이 지나 있었고, 다른 것에 대한 동경과 경험하지 않은 것에 대한 끌림으로 가득 차 있던 때였다

내가 가진 열한 번째 능력을 찾아내 발휘하고 싶어 죽겠던 때였다

새로운 것에의 도전이 두렵지 않을 열한 번째 능력,

이미 검증되고 소모된 능력 열 개는 필요하지 않았다

지금이 아니면 영영 새것을 가져보지 못할까 봐 조바심이 났고, 모르는 것이 뿜어내는 신비에 대한 갈증이 기준초과하고 있었다 미지의 영역에 대해서는 환상을 걷기가 쉽지 않았다

다수의 방송작가가 그렇듯, 라디오에서 흘러나오는 감성 진득하게 찍은 문장들을 듣던 숱한 밤들에 품은 꿈을 오래 붙잡고 있다가 첫 출근을 했던 그때는, 부풀어있었을 것이다 그러다가 바람이 빠지고, 힘이 빠지고, 꿈도 몸도 쭈글쭈글해 질 무렵, 그 오랜 밤들의 문장은 동행하지 않은 하얀 A4지 위의 까만 글자들이 조금 한심했을 것이다

글을 쓴다, 는 기쁨은 손에 잡히지 않는 높고 먼 곳에 있었다 대신, 자료를 뒤지느라 눈알이 빠질 지경이었고, 아이디어를 쏟아내느라 열이 뭉친 두피의 머리카락은 바스락거렸고, 섭외하느라 한 달 치

의 말을 하루 만에 쏟아냈고, 갖은 뒤치다꺼리에 차라리 발이 열 개 달린 오징어이기를 간절히 바랐고, 긴 밤 지새우고 풀잎마다 맺힌 진주보다 더 고운 아침이슬을 맞으며 남들 출근길을 퇴근으로 역행했다

그 시절의 고행은 압축을 시켜도 용량이 엄청나다 겪어보지 않은 나의 사정을 100% 이해시킬 수 없는 것처럼 남의 사정도 온전히 알지 못해 감히 이 일이 생고생의 최고라고 장담할 수는 없지만, 사실 진짜 하고 싶은 말은 몸이 힘들었다기보다 마음이 힘들었다는 것이다
총천연색의 사람들을 겪어내는 마음, 다음 한 계단의 높이 앞에 무너지는 마음, 무엇보다 펜을 쥐고 써 내려가고 싶었던 문장을 잃어버린 마음

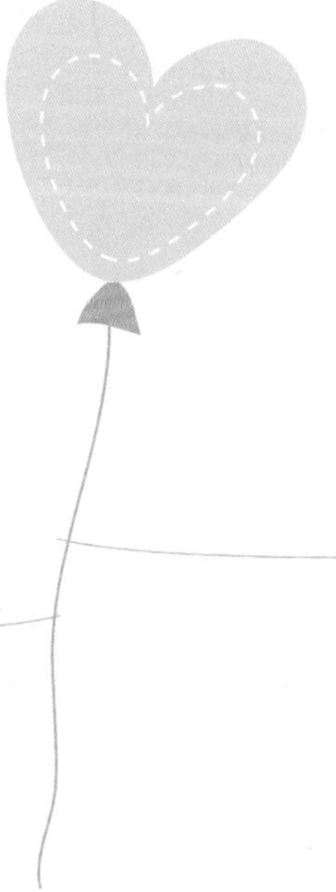

무엇이 상업적이고 무엇이 순수하다고 확고히 규정지을 수 있겠느냐마는 그래도 전파 한 번에 소모돼 버리는 글, 나보다 당신을 충족시키기에 여념이 없는 글, 제약과 심의에 맥없이 꺾이고 마는 글, 시청률 맞춤형 품질로 생산되는 글, 이 버거웠다
한 때 삶의 일부였기에 감히 깎아내릴 수 없는 걸 알면서도 한계 또한 인정할 수밖에 없어서 지면 위에다 오래오래 마음을 눌러 쓴
한 글자 한 글자가 몹시도 간절했었다 간절함과 비례하지 않는 능력이 의심되어 열한 번째 능력을 갖고 싶었다

누구나,

복숭아처럼 탐나는 어떤 것을 불현듯 발견하게 되는 순간이 있다 그것을 내 것으로 만들기 위해서는 닮고 싶다, 는 소극적 바람으로 그칠 일은 아닐 것이다

2년 전 여름의 기억이었다는 것에서 알 수 있듯이 지금은 그때로부터 2년이 흘렀고 하릴없이 지나버린 1년과 뭐라도 하려 했던 2년을 더하면 벌써 3년의 시간이 지났다

지금도, 3년 전의 선택이 옳은 것이었는지, 사람들이 끊임없이 궁금해 하는 성과라는 게 또렷이 보였는지, 어떤 확실하고 빛나는 결론이 먼 미래에서 기다리고 있는지, 아무것도 분명해진 게 없다

여전히 소극적 바람을 적극적으로 실현하는데 아주 천천히 노력하고 있을 뿐이다 하나는 확실히 안다 복숭아를 닮고 싶은 마음의 정체, 를 알고 있다는 사실이 중요하다는 것 내 마음의 정체, 도 모르고 사는 사람들이 더 측은하다는 것

내가 가질 수 없는 것을 부러워하는 것이 더 불행하다고 한다 그런데 내가 가질 수 있는지 없는지에 대해 그 가능성을 타진해보기나 한 것인지, 미미한 시도라도 해 본 것인지, 이제 가장 먼저 그 질문을 스스로에게 던져보라고 한다

선택, 의 결론들로
치러지는 삶

둘 중에 하나,
셋 중에 하나나 둘,
여러 개 중에 둘이나 셋이나 넷,

삶은 언제나 선택을 종용하고
삶은 선택한 것들이 결론을 낸다
내가 치르고 있는 삶은 나 때문, 이거나
내 덕분, 이다

다른 누구에게 원인과 이유를 떠넘기는 건
좀 비겁하다
비겁한 것을 아는데도
어떤 결론에 대해서는
잘못된 선택의 책임을 덮어씌우고 싶다
예를 들면,
왜 아이가 계단에서 자전거를 타게 혼자 뒀나
신호등 없는 4차선 도로에서 길을 건너다가
아이의 손을 놓은 것은 누구인가
반에서 1번을 도맡아야 하는 유전자는 누구의 것인가
누가 좋아하는 피아노 교습을 중학교에 진학하면
관두는 것이 옳다고 했나
최초의 커트 머리가 지울 수 없는
별명을 가져다준 계기는 무엇인가
어떻게 중요한 입시에서
친구의 김밥을 먹고 배탈이 나야 했나
원하는 것보다 현실적인 것을 따라
전공을 선택하게 된 배후에는 누가 있나
왜 다른 이의 연애를 위해 졸업여행을 포기하게 됐나

어떤 운명의 장난이 180도 다른 인생을 살게 할
직업을 선택하게 했나
무엇이 스스로 이해할 수도
생각할 수도 없던 현재로 이끌었나

곰곰이 진지해 본다
책임을 전가하려고 해도 사실은 나, 때문이다

선택을 종용한 무엇인가가 있었다고 해도
선택의 마지막 방아쇠를 당긴 건 자신이다
평범하게 그려놓은 밑그림에 어울리지 않는 채색을 하고 나니
너무도 다른 그림이 되어 있어서 그때 왜 그랬을까,
후회하던 때가 있었고 그때는
아무나 원망하고 싶었지만,

같은 일을 함께 시작해 오랫동안 보아온 친구는 충동적이었고 별 안간이었던 나의 행보와는 달리 오래전부터 마음먹은 철저한 계획 끝에 나와 같은 자리에 왔다며 얘기하는 모습이 자신감 넘쳤다
자신의 과감한 선택이 마냥 신기하고 대견해
이런 게 운명인가,
헛바람이 들어있던 나는 그때 조금 위축되었다
흘러가는 대로 삶을 내버려둔 것 같아 조금 움츠러들었다
선택에 신중했던가, 많은 시간을 고민했던가,

마음이 원하는 것이었던가,
그런 질문들을,
이미 선택해 버린 삶 ing, 에
뒤늦게 던지는 내가 딱했던 것이다

그나마 다행인 것은 그 선택이
싫지만은 않았다는 것이다
일과 나를 두고 꼼꼼히 따져보면
맞춤복 아닌 기성복에 가까운 이 일을 어떻게 해왔는지
스스로도 용할 따름이고
나를 좀 안다는 사람들도
입을 맞춰 의문 중의 의문이라고 하는데도,
나는 괜찮았던 것이다
알고 보니 나는 참 무서운 사람이었다
성향과 상관없이 적응해가는 모습이 무시무시했다
내가 아닌 것 같았지만 결국 가면을 쓰고 있어도
그것 역시 나라는 게 결론이었다

지나고 보니 참 많은 선택의 순간들이 있었다
선택을 했는데 또 선택해야 하고,
선택했으니까 그래서 벌어진 일에 대해
다시 선택할 수밖에 없는, 선택으로 꽉꽉 채워진 삶이었다
그 선택들로 쓰이는 개인의 역사는
죽는 순간까지는 끝이 날 수 없으므로

앞으로도 수없이 많은 선택을 해야만 한다
다행인 것은, 좋은 선택을 해야 한다는 압박감,
나쁜 선택을 할 수도 있다는 두려움,
선택을 위한 감정적 소모는
세월이 흘러 그나마 줄었다는 것이다
감정이 무뎌지는 것, 익숙해지는 것,
소용없다는 사실을 알게 되는 것,
어느 만큼은 포기되는 것,
흐르는 대로 내버려두는 것, 그런 것들,
덕분인지도 모르지만,

언제나 현재의 나는 과거의 내가 선택한 나, 이며
미래의 나는 현재의 내가 선택한 나, 이다

인정하고 보니,
삶은 오로지 나에게서 비롯된 선택의 결론들로
치러지고 있다, 는 건 새삼 확실하다
비로소 확실하다 이것보다 더 중요하고 확실한 것은,
나의 선택의 역사는 평균적으로 반이 흘렀다
그러므로 인생의 반이 이미 결론이 났다
그런데 여전히 반이 남았으므로
나에 대해서는, 확실히 결론 난 게 아니다
이, 것

슬프다
원one,

엄마, 사랑해
이 고백 속에 슬픔이 고여 있다는 것을 안다

내가 가장 사랑하는 엄마에 대해,
열 길 물속은 아는데 결국 모르고 말 엄마의 어떤 깊이에 대해,
그것들에 대해 곰곰이 생각하게 되면서부터
슬픔이 추적추적 마음을 적셨다
자식은 엄마의 현재, 만을 사랑한다고 고백할 수 있는 것, 은
정말 슬픈 일이다

5살의 아이가 보았던 엄마의 현재,
초등학교에 입학한 아이가 함께한 엄마의 현재,
청소년 시절을 지나는 동안의 자식이 겪었던 엄마의 현재,
성인이 된 이후의 자식이 알게 되는 엄마의 현재,
몸도 머리도 커버렸지만 여전히 자식은
자식인 이가 깨닫는 엄마의 현재,

자식의 현재와 엄마의 현재는 같은 시간 속에서 생성되어 나란히
걸어왔고 과거가 되었든, 현재 진행 중이든, 미래가 될 것이든,
자식은 자식이 보아 온 엄마만을 사랑할 수밖에 없다
가끔 추억을 되새기는 엄마의 이야기를 통해 듣는,
우리가 보지 못한 엄마의 모습에 대해서는
추상적인 사랑스러움 이상의 애틋함을 품을 수는 없다
실체 없는 유령 같은 과거의 시간에 대해
상상할 수 있을 뿐, 온전히 사랑할 수는 없다

타임머신을 타고 오랜 과거의 시간으로 돌아가
사라진 엄마의 시절을 만나고 싶다
현재의 내가 과거의 나와 같은 사람이면서도
무수히 변해왔음을 알기 때문에,
역시 무수히 변할 수밖에 없었고,
엄마가 되는 순간 가장 큰 변화를 겪었을
엄마의 진짜 엄마다운 모습을,
어떤 의무와 책임이 새겨지지 않은
순전한 엄마의 모습을,
알고 싶다
연인을 사랑하고 말았을 때 내가
부재했을 그의 과거가 궁금하고 질투로 불타오르는 것처럼,
연인과는 비교할 수 없는 실체를 가진 사랑으로 인해,
엄마의 마음 깊숙이 켜켜이 쌓여
묵혀진 엄마의 옛, 모든 시간을 파헤치고 싶다

그래야,
100% 완벽하게 완전해진 고백을 완성할 수 있을 것 같다
지금껏 목격하지 못한 빛깔과 질감의 사랑이
저 깊은 곳에서부터 가득히 차오르는 것을
주체하지 못한 채로
엄마, 사랑해
그 말을 입 밖으로 뱉어내고 싶다

실상은 그럴 수 없으므로
사랑한다는 말을 아껴 놓았다는 건 변명인 줄 알면서도
핑계에 가로막혀 가로막힌 말,
그러다가 평생 할 수 없을까 봐,
우리는 좀 더 많이 용기 내야겠다

오히려,
아무것도 모르는 시절에는 거침없었던 고백을,
미안하고 고마운 마음 가득해지면 해질수록 하지 못하는
멍청한 우리는,

슬프다
투two,

슬프다, 는 말이 맞다
심정으로 나의 모든 시절을 이해하고, 진단 내리고,
그래서 가장 잘 치유해 줄 수 있는,
세상에서 유일한 사람은 딱, 한 사람,
나 자신밖에 없다는 사실에 대해서

어떻게
시간이 흐르면 흐를수록
나를 이해시킬 수 있는
대상이, 방법이, 이유가 부족해지는지 모르겠다
나이가 들수록 내 마음은 쓸데없이 복합적이고 고차원적이 되고
그런 나를 설명할 때 네가 수준 미달이 아니길 바라는데
너는 이해할 수 있는 지능이 미달은 아니지만
너 역시 복잡하고 고차원적인 인간이 되어 있으므로
너의 방법이 나에게 버겁고
반대의 상황도 충분히 발생하는데

결국, 세월은 우리 사이에, 이해를 단절시키는
세상 사악한 찌꺼기가 가득 낀 통로만 남기는지도

가장 사랑하는 엄마조차도
나를 모른다
나를 다 알지 못한다

가족이라든가, 특히 엄마라는 이름은
떨어져 있는 모든 시간조차 완벽한 이해로 품을 수 있는
절대적인 관계를 뜻하는 줄 안다
불가능한 일이다
불가능한 일인데, 운명적인 인연이니 가능할 것이라는
헛된 믿음을 품는다

그럼, 사랑하는 사람과 결혼해서 사는 동안은
그 믿음이 헛되지 않다는 것을 증명할 수 있을까 역시 그럴 수 없다
혹여, 보지 않고 겪지 않아 서로를 알지 못하는 시간이란 전혀 중요하지 않다고도,
혹은, 지금의 너는 지난 너를 모두 담고 있으므로 현재의 너를 통해
모든 너를 충분히 이해할 수 있을 거라고도, 들을수록 믿고 싶어지는
그런 말들로 반박해 올 수도 있지만
내 생각은 그렇다 불가능이다 세상의 각양각색 생각들 중 하나인 나의, 결론이다

태어나는 순간부터 죽는 순간까지
나와 온전히 함께하는 건 나 밖이다
나의 모든 것을 아는 건 나 밖이다
나조차도 나를 다 이해할 수 없으므로
그나마 나를 가장 잘 이해하는 사람은 나, 이다
그러므로 누구보다 나는 나를 좋아해야 하고
아껴야 하고 믿어야 하고 응원해야 한다
세상이 등 돌리는 순간에도 나를 잘 지켜내야 한다
유일한 내가 나를 욕하고 미워하고 걷어차고 떠나가 버리면
나는 살아갈 수 없다 존재할 수 없다
그걸 모르지 않을 텐데도
나를 상처 주고 마는 내가 있었다
외면하고 마는 내가 있었다
어리고 어리석었다

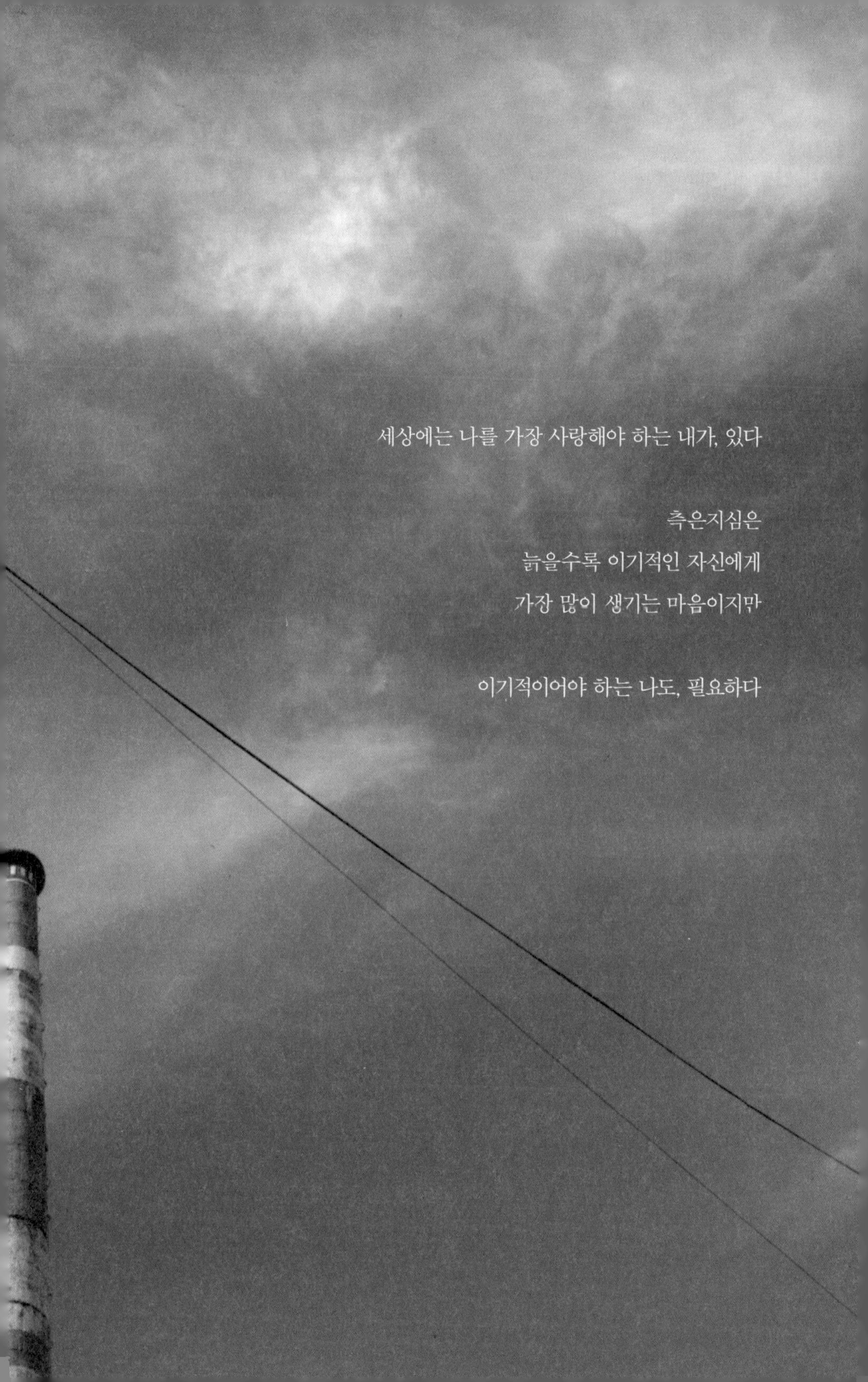

세상에는 나를 가장 사랑해야 하는 내가, 있다

측은지심은
늙을수록 이기적인 자신에게
가장 많이 생기는 마음이지만

이기적이어야 하는 나도, 필요하다

생각 없이 살지 좀 말라, 는
오만한 조언

왜 그렇게 생각 없이 사니
그 말을 들었던 생각이 많은 나는 얼마나 어이가 없었나
흔히 누군가를 꾸중하는 어른들이 덧붙이는 말,
생각 없이 살지 말라는 말이 함부로, 할 말이 아닌 줄 모른다
알고 말하는 어른은 함부로 말하는 딱 그만큼의 사람이다

그걸 다 알고는 있으면서 입버릇처럼
그 문장을 내뱉고 마는 어른이 된다
그 말을 들은 내 주변의 누군가는
예전의 나처럼 얼마나 어이가 없었을까
그때 그 어른들은 꼭 나처럼 그저 입버릇뿐일 말을 했던 걸까
나 외의 것으로 엮인 일, 그러니까 그야말로 일, 에 있어서는
완벽에 가까워지려고 무던히 노력했으므로 맡은 일을 허투루 하는
후배들에게 매운 말을 했다
화내지 않고도 가슴을 후비는 법은
마음과 상관없이 저절로 터득되었다
내 시선으로 정말 생각이 없어 보이는 후배도 있었다
대체로 그런 시선을 받았던 후배여서 의심하지 않았다

생각이 없다는 말을, 최근 들어 자주 듣게 된다
정신없이 어쩔 수 없이 열심히 살아야 했던 동안은 듣지 못했는데,
내 안의 시선으로는 오히려 생각이 더 많아졌는데,
내 밖의 시선들은 생각이 없어서 좋겠다고 한다

부러움인 경우도 있고 비아냥거림인 경우도 있다
그런 말을 오랜만에 다시 듣고 보니,
생각이 더 많아진 나로서는 사람 참 못 본다고 한다
대체로 그런 시선을 받게 되다 보니,
내가 던진 말이 상처가 됐을 후배가 생각난다
왜 의심하지 못했을까
왜 그런 말이 그 아이에게 당연하다고 여겼을까

또 엄마를 소환한다
이제 후반기의 삶으로 들어선 엄마는
생각하고 싶은 것만 생각하는 것 같다
새로 바꾼 핸드폰, 늘 먹던 것이 아닌 음식, 가보지 않았던 곳, 모르는
사람, 도통 새로운 것에 대한 호기심도, 익숙하지 않은 것을 길들이려

는 노력도 없지만 엄마가 생각이 없는 것은 아니다
언니와 나, 동생을 키워내는 동안
엄마는 몸도 바빴고 생각도 많았고 말도 다양했다
자식 셋을 키워야 하니 신경 쓸 것이 많았을 것이다
한숨 덜어내고 나니 지금은 많이 비워냈을 것이다
행동하고 생각하고 말해야 할 것의 분류는 단순해졌을 것이다
물론 자식이란 평생 당신의 족쇄지만,

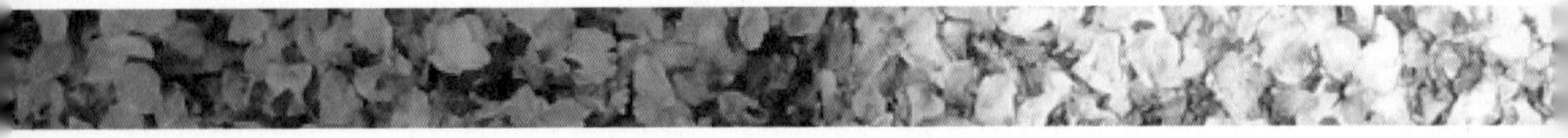

그 후배와 엄마를 동시에 떠올린다
생각 없어 보인다, 는 말을 미안하게 생각한다
생각 없이 산다, 는 말은 미안하단 말도 못하겠다 동생에게 그랬다

보이는 것과 달리 나처럼, 당신처럼, 모두 생각이 많을 것이다
생각이 없어 보이는 것은, 생각을 털어놓지 않게 되면서
말수가 줄어든 것과 관계가 있을 수도 있다
그런 사람으로 보이게 되었을 수도 있다
단순해 보이던, 생각 없어 보이던,
되는대로 살던, 사람들에 대한 오해가 풀린다
이해하지 않으려면 판단하지도 말아야겠다고 한다
궁금해한 적도 없고 알려고 하지도 않았으면
말이라도 함부로 하지 말아야겠다고 한다

나에게도 그랬으면 좋겠다 과거, 현재, 미래의
모든 시간에 대해 늘 생각 중이니까

삶이 단순하다, 거나 여유롭다, 는 말에
생각을 많이 하지 않아서 편안하다, 는 말이 녹아있다
나는 지금,
단조롭게 살기로 하고, 단조롭게 살기 위해 노력한다
많은 생각으로 빼곡한 삶보다 심심하지만
내내 편안하게 지냈으면 싶다 그러니까,
그러려고 노력하는 것이지 생각 없이 사는 게 아니다
쓸데없는 생각을 줄인 것이지,
쓸모 있는 생각을 버린 것이 아니다
실수로라도 하지 말아야 하는 그 말처럼
생각 없이, 마음 없이, 사는 게 아니다

생각 없이(생각을 덜어내고) 살고 싶다는 생각조차,
생각이니까

왈왈 짖어대고 있는 건
이웃집 개가 아니라
너, 라는 진실
: 개와 늑대의 진실

짐승이 되는 순간이 있다
그래도 괜찮다고 한다 그래야만 한다고 당연시한다
네 모습이라고 하는 말에, 내 모습이 아니라고 한다
내가 아니라 말했으면 그만이라고 한다
그런데, 일 년의 팔 할을 그 모습으로 살고 있다
그렇다면, 그건 내가 아닌가

시끄러워 미칠 것 같은데,
안간힘을 다해 짖어대는 소리의 출처가 나인 걸
인지하지 못할 때가 있다
스스로가 대견해 자꾸 뽐내고만 싶어서
짐승을 불사하고 말 때가 있다
지난 12년 중, 정확하지 않은 어느 순간부터 그렇게 변했다
알아채고 반성하기 전까지
주위의 염려와 충고가 옆집 개 짖는 소리였다
내가 짖고 있으면 그런 줄 안다 시끄러운 건 내가 아닌 줄 안다

익숙한 삶이 5년간 이어지면 그때쯤,
자신을 한 번 돌아보는 게 좋다 사실 시기는 중요하지 않다

익숙해져서 마음이 하나도 어렵지 않을 때,
그때 그 마음을 잘 돌아봐야 한다
사람들과 섞여 지내면서 어렵지 않은 마음은 위험하다
윗사람보다 아랫사람에게 그런 마음은 더 심각하다
대접하는 것보다 당연히 대우받는 게 좋고,
대우받는 것보다 사실은 존경받는 게 더 좋다
존경받으려면 마음이 어려워야 한다
사회생활 잘한다, 는 말을 듣게 된다면
조심할 필요가 있다
어느덧 그렇게 되어버린, 그저 잘 적응하는
사회적 동물인 건 별로다
내 입에서 나오는 말이, 내 몸이 하는 행동이,
누군가를 할퀴고 있을지 모른다
익숙해져서 단순해지면, 어려워하지 않고 쉬워지면,
짐승이 되기 쉽다

그러니 주변이 유난히 시끄럽다면 진심으로,
자신을 돌아보아야 한다
내가 아니면 다행인 거고, 나인 것도 다행이다
왈왈 짖어대고 있는 게 주변 사람이 아니라
나라는 것을 알아차렸으니 정말, 다행이다

어서, 알아야 한다
사람을 잃어버리고 나면 혼자 외롭게 울부짖게 될 것이니까

일등, 이 아니어도
최고, 가 아니어도
상관없다는 것

일등이 되고 싶지만
일등은 단 한 명을 위한 월계관이고
일등은 못하지만
일등을 동경한다
일등이 될 수 있는 타고난 조건, 에 대한
부러움은 어렸던 아이의 것이다
일등이 되기 위한 무시무시한 노력, 에 대해
어른이 된 나는 경의를 표하고 싶다
완전한 일인자로 인정받기 위해 숱한 것들을 희생했다는 사실을 통계적으로나 경험적으로 알 수 있는 나이가 되어서는, 그들에게 돌아가는 영광과 박수가 부럽지도 아깝지도 않다
그런 마음을 갖게 되어 대견하다

진심으로, 그들이 누리는 것이 지나치다고 욕하고 시기하는 사람들이, 싫다 아무리 노력해도 타고난 것은 이길 수 없으니 불공평하다고 투덜대는 사람들은 투덜댈 시간에 노력하지 않은 것을 상기해야 한다 비교하고 시기하고 저주하는 그 에너지를 허비한 것을 알아차려야 한다 대부분 사람들에게 그런 못난 때가 있지만, 대부분의 사람은 그때의 잘못을 반성한다
반성하지 않는 사람들은, 싫다

생각해보면, 대충 살아도 살아지는 게으름이 좋았던 나는 제 일도 제대로 못 해서 피해를 주고 욕을 먹는 것은 끔찍하지만 일등이 목표였던 적은 없다
최고가 되고 싶어 하지도 않았다
자존심도 강하고 인정받고 싶은 욕구도 강해서 평균 이상을 유지하기 위해 노력은 했다 노력한 것에 비해서 결과가 좋았다 딱 대학입시 전까지였다
더 이상의 운은 없었던 건지, 노력 대비 더 많은 것을 미리 얻었던 건지, 그 후로 내 뜻의 반 정도는 내 뜻대로 되지 않았다 예상은 자주 비켜갔고 내가 그린 그림은 틀린 그림이 많아졌다 불평이 잦아졌고 스트레스가 심해졌다
내디딘 세상은 커서 그곳의 모든 사람을 충족시키기도 힘들었다

대충 살아서는 안 되는 세상이기도 했다 그래
서였나,
일등이 되고 최고의 자리에 올라보는 상상을
한 적도 있다 불가능하다는 것을 아니까 더
욕심이 난 적도 있다 그러나,
한계를 아니까 어리석게도 스스로 한계에 갇
혀 버렸다 더 나아지는 건 없고 정체되거나 후
퇴하는 기분이 들었다

한참을 그랬다 사실,
한계에 갇혀 얇은 막조차도 뚫고 탈출할 수
없었던 건, 나의 숨은 능력을 발휘하고 나에게
배당된 행복을 찾아내는 일을 팽개쳐 두었기
때문, 이 아니었겠나 대충 살아도 행복할 수
있다는 사실을 어딘가에 흘리고 찾지 못하고
있었기 때문, 이 아니었겠나 하지만,
반성은 언제나 미래의 일이다
반성하지 못했던 현재가 지나가자 그제야 어
느 결에 잊고 있던 대충의 삶, 일등이 아니어
도 최고가 아니어도 상관없던 때, 를 다시 찾
아냈다

대충, 이란 것이
불필요한 것까지 움켜쥐고 놓지 못하는 욕심이나, 하고 싶지 않아도 잘해낼 수 있어야 한다는 강박이나, 있지도 않은 능력을 기필코 보여주고 말리라는 오기나, 이와 유사하거나 이를 모방한 쓸데없는 감정들을 큰 상처 없이 잘 도려낸 것이라면 팽개쳐 두었던 것, 흘리고 찾지 못하고 있었던 것, 과 함께 대충 살아도 살아지는 게으른 삶이 참, 좋다

아득바득 살아 무엇, 할 확실한 목표가 있다면 포기할 필요는 없다
누군가는 일등이고 최고여야 하니까 그렇게 될 수 없고 될 생각도 없다면 내 것이 아닌 그 자리, 그 이름에 연연할 필요가 없는 것이었다

이렇게, 사는 게 어때서

월급날 의미 없이 기계적으로 쇼핑하는 것
맛있는 맛집을 멋 삼아 탐방하는 것
남들이 하니까 해야 할 것 같은 헬스클럽 회원 등록처럼
나의 즐거움과 상관없이 보여주기 식의 취미생활을 하는 것
사회적 체면을 유지하기 위해 명품을 어깨에 메는 것을 포함해
자주, 입지도 신지도 먹지도 않는 것을 충동구매하는 것

그리고
잘 맞지 않는 옷을 입고도 보기에 멋있으니까 악착같이 버티는 일
마음 없이도 쉽게 사랑한다고 말하는 거짓말
애초에 깊이 없이 시작된 사람들과의 관계와 관계
모범택시만 골라 타보는 불필요한 허세
때때마다 변신하기 쉬운 가면을 여러 개 만들어 놓고
진심이 뭔지 모르는 것처럼 살아버리는 것

끝없이 반복되는 일에 치이고
시간을 아껴야 한다는 조언이 허사가 되는, 언제나 부족한 시간

적당히벌고
아주잘살자

다치고 소모되는 일상을 보상받기 위해서, 그래서
이렇게라도 살아야겠는데, 그게 어때서
내가 벌고 내가 쓰는데, 그게 어때서
누구한테 피해 준 것도 아닌데, 그게 어때서
그 모든 뒷감당도 오롯이 나의 몫인데, 그게 어때서

딱, 그 시기에는 그렇게 사는 게 어떠냐고 당당히 따져 물을 수 있을 만큼 누구나, 무언가로, 위로받기를 원한다 그럴 권리를 끊임없이 피력한다 그게 잘못되었다고 할 수 없다
어쩌면 왜 그렇게 사느냐고, 유일하게 한심한 표정을 지을 수 있는 사람은 나의 상황을 가장 잘 파악하고 가장 잘 이해하는 나일 것이다
지나고 보니, 그 옛날의 나를 이제야 객관적으로 바라볼 수 있게 되고 꾸짖고, 충고하고, 잘 이끌 수 있게 된다 그러니
그렇게 사는 것, 의 평균보다 더 왜곡된 삶을 사는 소수의 사람, 그들에 대해서도 속사정 모르는 우리는 함부로 입방아를 찧어서는 안 되었다 그런데,
그때는 못된 입 못된 마음 단속하는 것도 안되었다 나를 반성할 수 있는 조금 성숙한 시기에 오니, 그제야 나 아닌 사람의 사정도 어느 정도 이해할 수 있게 된다

어떤 시기는 그냥 거치고 지나고 봐야 비로소
이게 어때서, 라던 당당함을 부끄러워 할 수 있게 되는 것 같다
그런 시기는 그냥 봐줘야 하는 게, 맞다

와인,
커피,
보리차

"시원~한 보리차 한 잔 떠 와라"

시장에 다녀 온 엄마가, 현관을 열고 들어와 신발을 다 벗기도 전에, 제일 먼저 우리 자매들에게 던지는 말이다. 이 말이 떨어지면, 우리 세 자매 중 어느 한 명은 반드시, 시원한 보리차 한 잔을 날렵한 다람쥐마냥 엄마에게 갖다 바쳐야 한다. 평소에는 아주 자잘한 심부름조차 시키지 않는 우리 어머니가 유일하게 시키는 심부름이니까.

우리 어머니는 전형적인 시골 어머니들처럼, 자식들은 공부나 하렴-집안일은 엄마가 할 테니 쓸데없이 신경 쓰지 말고-주의라, 집안의 모든 잡다한 일들은 당신이 지고 가야 할 업보로 오롯이 당신 혼자 감당해야 한다고 생각하는 분이셨다. 덕분에, 우리 세 자매는 상 차리기나 설거지, 방 정리나 청소 등등, 어느 것에도 손을 보태지 않고 편하게 자랐다. 그래서 언니들의 결혼이 임박했을 때, 그것은 또 가장 큰 걱정거리가 되기도 했다. 하지만 미리 하는 걱정은 '기우'라는 단어를 썼던가? 언니들은 막상 결혼하자, 우리 엄마라는 환경에 오래 머물며 보고 자란 게 있어서인지 집안일도 요리도 곧잘 해냈고, 우리의 걱정은 그야말로 잠깐의 쓸데없는 걱정으로 끝났을 뿐, 굴곡 없이, 오히려 그 이상으로 각자 빛나는 시간을 빚어냈다.

"우리, 분위기 있게 와인 한 잔 어때?"

그 사람이 즐겨 마시는 술이 그 사람의 품격을 대변하는 거라며, 큰언니는 언제나 우리에게 와인을 권했다. 그렇다고 단지 품격을 위해 포장용으로 와인을 즐긴 건 아니고, 소믈리에 자격증을 취득했을 뿐만 아니라 와인 전문가들도 고개를 끄덕일 정도로 와인에 정통한 사람이 되었다. 다만, 스테이크를 썰든 삼겹살을 굽든 곱창을 지지든 시도 때도 없이 와인 사랑을 실천하는 통에, 큰언니의 격조에 미치지 못하는 동생들로서는 황새 쫓아가는 뱁새처럼 영~ 곤혹스러운 게 아니었다. 물론 첫 한잔 받아드는 시늉을 한 뒤 남은 와인을 큰언니가 품격 있게 바닥낼 때까지 견디면 될 일이었지만, 문제는 집이 아닌 곳에서는 타인의 조롱 섞인 시선까지 감당해야 한다는 것이었다. 한두 번 겪은 일도 아니지만, 반복 학습을 통해서도 극복될 수 없는 게 하나쯤은 있으니까 말이다. 그런데 곤혹스러운 것보다 더 걱정스러운 건, 큰언니가 고가의 와인만 골라가며 우리 자매들을 포함한 주변 사람들에게 선물하는 걸 즐기는 데다가, 본인이 소비하는 양도 엄청나서, 아무리 돈 잘 버는 형부가 큰언니 뒤에 든든하게 버티고 있다지만, 그러다 그 집안, 순식간에 거덜 나는 건 아닌가, 그건 좀 비약이더라도, 저래서야 형부 사업에 폐를 끼치는 건 아닌가, 염려된다는 것이다.

"이거, 지금 막 볶아 온 원두야 아끼지 말고,
얼른얼른 내려서 마셔"

집안 가득 커피 향이 진동한다. 365일. 이건 커피 원두를 볶고 갈고 내리는 커피 전문점에서나 있을 법한 일이지만, 커피 마니아인 둘째 언니 덕분에, 엄마의 영원한 보초병이 되기를 자처한 막내가 있는 엄마 집도, 모든 식사와 디저트의 시간을 와인과 함께 하는 큰언니 집도, 커피 좋아하는 아내이며 엄마를 둔 덕에 가족 모두가 커피 마니아가 된 둘째 언니 집도, 커피 전문점 못지않은 커피 향이 올웨이즈! 진하게 집안 가득 배어 있다. 커피에 관해서는 오지랖이 태평양이라, 둘째 언니는 모든 집에 종류별로 줄지어 선 유리병의 원두커피 상태를 매일같이 감시감독하고, 며칠 정도는 커피 없이도 지낼 수 있는 엄마와 막내가 사는 집이나 큰언니 집에 수시로 들이닥쳐 커피 한 잔의 시간을 강요한다. 최근에는 하루에 커피 한 잔 정도 마시는 게 여기에 좋다, 저기에 좋다, 뉴스나 신문에서 공식 선언한 통에, 둘째 언니의 커피 사랑은 더욱더 진한 에스프레소 급이 됐는데, 아무리 그래도, 카페인을 지나치게 과다 섭취하면 분명 몸에 좋지 않을 텐데, 병을 예방하려다가 도리어 병을 얻게 되는 건 아닌지, 괜한 걱정이다.

"보리차는 여름에는 차갑게!
겨울에는 따뜻하게! 참 구수하고 맛있지~"

내가 이런 말을 하면, 언니들은 막내가 영 늙은이 같다고 놀려댄다. 아무래도 엄마 집에서 엄마와 살다 보니 엄마 분신이 되어 가는 것 같다면서. 그 말이 나는 전혀 나쁘게 들리지 않는다. 물론 언니들도 칭찬을 유머러스하게 던진 말일 것이고. 우리 엄마를 닮았다는 건, 참으로 칭찬받을 만하고 본받을 만한 인간으로 업그레이드 중이라는 말일 테니까.

우리는 벌써, 우리 세 자매가 한 집(엄마의 집)-한 방-한 이불에서 재잘 거리고 잠을 청하며 수많은 낮과 밤을 보내던 때의 우리 엄마와 비슷한 나이가 되어 가고 있다. 사실 엄마의 보초병을 자원했다는 막내인 나도, 이미 중학교와 고등학교에 다니는 딸과 아들이 있다. 그런데 그 딸과 아들은 아빠를 따라 서울로 올라가서 더 좋은 인재가 되기 위해 고군분투하고 있고, 나는 예전의 우리 엄마만큼은 아니더라도 엄마로서 제구실을 잘 해내야 하는 거지만, 다행히도 장모님을 친어머니와 다를 바 없이 생각하는 마음 넓은 남편 덕분에, 몸이 쇠약해져 혼자 지낼 수 없는, 그래도 서울만은 죽어도 가기 싫다고, 여기, 니들 아빠와 지냈던 이 집에서 마지막 가는 순간을 맞고 싶다고, 그렇게 소원하시는 엄마 때문에, 기꺼이 아이들의 엄마 대신, 엄마의 딸을 선택하게 된 거였다. 그래서인지, 한 번도 이 집을 떠난 적 없는 나는, 어느새 보리차를 좋아하는 우리 엄마를 닮아가고 있었고, 나는 그 사실이 너무나도 좋다. 이런 얘기를 벌써 하고 싶진 않지만, 엄마가 그 쭈글쭈글한 거죽과 작별을 고하는 때가 온다고 해도, 내 모습 속에서 엄마와 평생을 동행하는 느낌이 들 것 같아서.

"니들, 오랜만에 나랑 와인 한 잔 하지 않을래?"

그렇게 부름을 받고 간 큰언니의 집 현관에 들어서자마자, 생전에 겪지 않을 것이라 여겼던 위기가 늦가을에 더 위력적인 태풍처럼 큰언니네를 강타한 흔적을 발견하고 두 동생은 망연자실했었다. 그러고도 아무렇지 않은 목소리로 늘 하던 대사를 읊어대다니, 지금이 와인 한 잔 할 때인가? 그건 삼겹살집과 곱창집에서의 와인 한 잔 보다 더 잔혹한 것이었다.
그동안 왜 아무 말 하지 않았는지, 왜 도와 달라 하지 않았는지, 위로는 못할망정 우리는 겉으로만 멀쩡해 보이는 큰언니를 그날, 얼마나 다그쳤는지 모른다. 눈물을 가득 머금고.
우리 세 자매는 울고 또 울었다. 웃고 또 웃었다. 싸우고 또 싸웠다. 부둥켜안고 또 안았다.
한참을 그러다가 집에 붙은 빨간 딱지들을 향해 bxxx you! 혼신을 다해 손가락 인사(?)를 하고, 꽤 오래 전 소식이 끊어진 형부의 친할아버지 댁에서 지내고 있는 아이들 걱정도 잠시 접어 두기로 하고, 우리 엄마의 집으로 예전처럼 돌아왔다. 그리고 집으로 들어오자마자 큰언니는 가장 먼저, 냉장고에 넣어 두었던 시원한 보리차 한 잔을 꿀꺽꿀꺽 쭉- 맛있게도 들이켰다.

"아.. 커피가 너무 마시고 싶다.. 이럴 줄 알았으면..."
그런 철딱서니 없는 얘기를 하는 둘째 언니가 짜증스럽기도 하고, 안타깝기도 하다. 하긴, 커피 때문에 얻은 병도 아닌데 그렇게 좋아하는 커피를 못 마시게 됐으니, 얼마나 커피 한 잔이 간절할까? 한여름, 잔뜩 땀을 뺀 후면 더 간절한, 시원한 한 잔의 보리차가 허락되지 않을 때 나 또한 얼마나 괴로웠던가. 그래서 이해는 하지만, 그래도 아직은 허락해서는 안 될 일이다. 커피 효능에 대한 뉴스 보도는 둘째 언니에게는 엉터리였던 건지, 둘째 언니는 큰언니가 엄마의 집으로 들어온 지 한 달이 채 안 돼서, 목이 심하게 부어오르고 쉽게 지치고 피곤함을 느껴 병원에 가서 검진을 받았다가, 갑상샘암 판정을 받았다. 처음에는 그 증상들이 큰언니의 일로 신경을 써서 그런 게 아닐까 해서 검진 생각까지는 하지 않았는데, 주변의 언니 또래들이 크게 작게 병마와 싸우는 것을 목격하고는 검진을 하겠다고 마음을 바꿔 먹은 거였다. 그건 너무도 잘한 일이었다. 다행히 다른 곳으로는 전이되지 않아서, 둘째 언니는 날을 잡아 갑상샘의 한쪽을 완전히 떼어내는 꽤 큰 수술을 받았고, 어제 막 목에서 호스를 뽑아내고 병원식을 시작한 상태였다. 그런 사람이, 그 와중에, 커피 타령이라니… 잘 먹고, 얼른 회복되면, 둘째 언니를 대신해서 내가 매일 커피를 볶아오고, 커피를 내려주고 할 텐데. 조금만 참아보라는 나에게 둘째 언니는, 그러면 따뜻한 보리차 한 잔 부탁한다고, 웃으며 말을 건넨다.

"엄마는, 니들 땜에 충분히 행복했다. 이제 아빠한테 갈라니까, 니들 셋도 엄마처럼 행복하게 오래 살다가 와야 한다"

엄마의 마지막 유언 같은 말씀이셨다. 그렇게 엄마는 우리 엄마로서의 사명을 넘치게 다하고, 다행히도, 편안하게 눈을 감으셨다. 무엇보다, 엄마가 아빠에게 가기 전 한 달 동안, 우리 세 자매는 각자의 가족을 만들기 전 한방-한 이불에서 재잘거리던 예전처럼 엄마 집에서 함께 지내며, 엄마와 보석같이 아름답고 소중한 시간을 보냈다. 아빠와 산 것보다 우리와 산 시간이 더 많아져 버렸다며, 소심한 아빠가 삐질까 봐 이제는 아빠한테 간다고 씩씩하게 말씀하신 걸 보면, 엄마

다름은 다름으로 충분히 아름답고

존재 가치가 있어서 인정해야 옳고,

그것이,

나의 다름, 을 인정받는 것이기도 하니까

는 지금, 진짜 아빠 곁에 있을 것이다. 이제 엄마의 집에는 우리 세자매만 남았다. 이날들이 언제까지 계속될지는 모르겠다. 책임감 강하고 수완 좋은 형부가 다시 재기해서 큰언니가 큰언니네로 돌아갈 수도 있고, 둘째 언니도 공기 좋은 이곳에서의 요양이 너무 길어지지 않는다면 둘째 언니네로 돌아가게 될 테고, 어쩌면 나도, 지킬 엄마가 없는 이곳은 가슴에 묻어두고 내 아이들과 남편이 있는 곳으로 돌아가 그간의 미안함을 만회해야 할 테니까. 그래도 우리는 공통점이 생겼다. 함께 지낸 한 달은 짧을지 모르지만, 우리 엄마라는 환경에서 자라 온 우리 세 자매는 원래 우리 엄마 닮은꼴들이었기에, 시장에만 다녀오면 시원~한 보리차 한 잔 떠오라던 엄마처럼, 보리차 없이는 생명줄을 이어갈 수 없을 것만 같게 되었다는 것이다. 큰언니는 더는 와인을 권하지 않는다. 둘째 언니는 어느새 커피 중독에서 해방되었다. 그리고 나는, 그 어느 때보다 보리차의 깊은 맛을 알게 되었다. 많은 시간과 사건들을 통해서.

"시원~한 보리차 한 잔 떠 와라~"

우리 엄마 목소리가, 저~기 저, 솜사탕 구름 뒤 파란 하늘보다 더 높은 곳에서부터 들려온 것 같다. 우리 세 자매는 누구랄 것도 없이 동시에 벌떡 일어섰다. 그리고 각자의 방식으로 각자의 마음에 드는 그릇에, 시원~한 보리차를 한 잔 가득 따라서, 엄마 대신 꿀꺽꿀꺽 쭉- 물에 목이 멜 정도로 꿀꺽꿀꺽 쭉- 세상 어떤 한잔보다 맛있게도 들이켰다.

아~ 보리차, 참말 시원~하다~

다름, 에 대해서 거부하거나 질책하는 시기가 지나면
이해하고 인정하는 시기가 오긴, 온다

그렇다고 그 시간동안
다름, 을 줄기차게 외면하고 배척할 필요는 없다

다름은 다름으로 충분히 아름답고
존재 가치가 있어서
인정해야 옳고,
그것이,
나의 다름, 을 인정받는 것이기도 하니까

좋은 말을 하지 못하는 것도
일종의 장애, 라고

성격장애,
그런 장애를 앓았던 적이 있다
스트레스가 지속하는 동안 자기 치유의 여력도 없이 기회도 없이
장애가 왔다
내 안의 사납고 더러운 것을
다른 곳에다 사납고 더럽게 배출하고 있었다
내 안에 머물던 화를 삭이고 삭이다 더는 삭히지 않아
붉으락푸르락 터져 나온 것이었다

치료하지 않으면 치유되지 않을 것이다 결국,
자신의 장애는 자신의 인성이 되고 최종으로
자기 자신이 되어 버릴 것이다

생각, 생각해 본다
장난이랍시고, 분위기를 띄운답시고,
상대의 결점을 부각해 웃음거리로 만들거나

부드러운 말투로 배배 꼬인 말을 포장하기를 즐기지 않았는지
그러다가 어느 순간, 그렇게 말하려 했던 게 아닌데 마음과는 다르게
동료에게, 친구에게, 가족에게,
싫은 말로 나쁜 말로 자주, 생채기를 내지 않았는지

어릴 때 아주 잠깐 욕을 한 적이 있다
이제 막 초등학교에 들어 간 어리고 여린 혀로
친하지도 않은 피아노 학원 친구에게 배운 십 원짜리 동전이라 불리는 욕을,
막상 본인인 나는 또렷하게 기억나진 않지만 아마도 가장 많은 욕을 먹었다는 언니는 충격적이었던 그때를 종종 에피소드로 들먹인다
지난 치욕의 과거가 타인에게는 평생 놀림감이 되는 법이니까
어릴 적 잠깐 이성이 가출했던 경험이 도덕 교과서적으로 살려는 아이에게도 수치였던 건지 그때 이후로는 말로도 글로도, 욕의 첫 글자의 초성조차 쉽게 끄집어내지 못한다
대화 중에, 회의 중에, 예를 들어야 하는 상황에서도
결코 흉내 내지 못한다

나쁜 말은,
욕보다 더 지독하기도 하다 그런데 왜,
왜, 나는, 당신은, 욕은 하지 않으면서 나쁜 말은 서슴지 않을까
욕과 나쁜 말을 절묘하게 섞어 최악의 문장을 대화 끝에 달고 사는
사람보다 그럼, 나은가
아니, 아닌 것처럼 나쁜 게 더 나쁘다

사람들과 처절하게 부대낄 때는
나쁜 사람은 되고 싶지 않으면서 싫은 건 참고 넘어갈 수 없어서
듣기 싫은 말을 듣기 좋게 하는 방법을 터득한다
좋게 얘기하는 것 같은데 요상하게 기분이 나빠지는 그런 기술
어떻게든 위아래가 존재하는 사회에서 할 말은 하고 살아야겠기에
누구나 자기 방식으로 마음속 화를 토해내고 마는 것이다
그러다가 그만,
그게 내 말이, 내 말투가, 내 인성이 되어버린 건 아닌지
그렇다면
나도 당신도 성격장애를 앓고 있다
좋은 말을 하지 못하는 건 그냥, 장애다

장애는 스스로 극복해 내야 한다
못나고 심술 맞은 그것이 내 전체가 되지 않으려면
일종의 장애, 라고 할 수 있는 그것을 얼른 앓아버려야 한다
알아, 버려야 한다

지극히 평범하기, 란
아주 쉽거나
아주 어렵거나

평범하게만 살았으면 좋겠다
이 말이 얼마나 어렵고 큰 소망인지는 살수록, 안다

태어난 곳에서 자라고 취직을 하고 결혼을 하고 아이를 낳고
그곳에서 처음과 끝을 맞게 될 줄 알았다
익숙한 곳을 벗어난다는 것에 대해 상상해보지 않았다
큰 욕심을 부리는 게 아니라고 생각했다
삶에 대해서 아는 바가 없었고 그래서 어렵지 않았다
아빠와 엄마, 우리 부모들처럼 사는 것은 가장 평범하고 쉬워서
시시하다고 했다
누군들 그렇게 착각하지 않았을까

평화로워 보이는 부부의 대부분은 사랑과 소통의 부재로 위기를 겪고 있다는 것, 불륜, 간통, 치정, 이혼소송 같은 용어는 뉴스에서만 봤는데 알고 보면 친척의 일이라는 것, 자유롭고 해맑은 영혼의 동료가 반성하는 과거에 폭력과 전과의 수사극이 숨어있다는 것,

알고 보면 하나도 평범하지 않은 삶이 곳곳에 있었다

어릴 적에는 아무도 말해 주지 않아서 내 세상을 오해한다 아무 문제 없다고 어른이 되어서는 아무도 말해 주지 않았는데 알아채고 만다 내 세상이라고 특별할 게 없다
믿고 싶지 않은 진실을 알아버리고, 나에게만은 일어나지 않을 줄 알았던 사건들이 깊이 묻혀 있던 지뢰처럼 터지고 만다
그리하여 분명 평범했고 쭉 평범할 줄 알았던 내 삶이 평범, 에서 멀어지기 시작한다

생각해보니,
신호등 없는 4차선 도로를 건너려다가 과속하는 택시의 정면은 아닌 옆면에 부딪히고 튕겨 나가 왼쪽 팔에 피멍만 들고 만 일,
세발자전거가 지나갈 수 있을 줄 알고 좁은 2층 계단 위에서 자전거 페달을 굴리다 1층까지 곤두박질쳐 다리에 감각이 없었다가 병원에 도착하고 보니 별 이상이 없었던 일,

버스 정류장으로 가는 길에 공사 중인 4층 건물에서 내 키보다 크고 내 팔뚝보다 두꺼운 각목이 머리를 아슬아슬하게 피해 마침 내디딘 오른쪽 허벅지 위에 세로로 떨어졌는데 놀라 달려 내려온 아저씨의 염려와 달리 아무 이상이 없어 그냥 등교한 일,
새 지갑을 사거나 용돈을 받은 날이면 어떻게 냄새 맡았는지 어김없이 소매치기를 당했으나 그 이상의 끔찍한 일은 생기지 않은 일,
결코 평범하지 않으면서 운이 좋았던 일들, 감사한 일들이 있었다
성인이 되기 전의 일들이기도 하다
이때 좋은 운을 다 가져다 썼던 건지,
이후 원하는 대학에 가지 못했거나, 첫 키스의 추억이 최악이었거나, 이사 들어올 때와 나갈 때 180도 달라지는 마녀 같은 집주인을 만났거나, 트인 테라스 덕에 반지하도 아닌 4층인 집에 홍수(?)가 나서 방이 침수되었거나, 일하는 동안 수면마취를 세 번 해야 했을 정도로 몸이 쇠약해져 병원 신세를 졌다거나,
전혀 예측하지 못했던 평범함과는 먼, 안쓰러웠던 순간들도 넘쳤다

결국 저절로 깨우치게 된다
평범하게 사는 것, 이 얼마나 어려운 일인지
알고 보면 남들은 모르는 속사정을 3개 이상 품고 있을 것이므로
우리는 평범한 삶으로부터 거부당하고 있다
평범하게 사는 것이 어려워서
대단한 삶을 부러워하고 욕심내기도 했다

지금, 오히려 나는 지극히 평범한 사람이라고 우겨본다

부러움을 사던 일을 때려치우고 시간을 번 대신 돈을 벌지 못하며 초등학생 자녀를 두고 남편을 하나 가진 친구들과 달리 단독세대주이며 우리도 이제 곧 마흔 줄에 접어든다는 한탄이 올해에 현실이 되었는데, 돈도 사람도 사랑도 풍족하진 않지만 불행하지 않으므로 넉넉했어도 행복하지 않았던 때보다 지금, 더 지극히 평범해졌다고 믿어본다

물론,
남들처럼 평범하게, 의 형식으로 살지는 못한다
남들과 이미 삶의 방식이 달라져 있고, 원래 어느 누구의 삶도 남과 똑같을 수는 없어서
사람들 사는 모양을 속속 들여다보면 다 제각각이므로 남들처럼, 이라는 말을 평범하게, 의 곁에 꼭 붙여두려 한다면, 누구도 평범하게 살 수는 없다
그러므로 그냥
평범하게 사는 것에 대한 해석을 스스로 구하고 그냥
평범하게 살다 보면, 지극히 평범하게,
세상에 좌절한 후에 모두가 소망하게 되는 평범하게 사는 것, 이 저절로 가능해질 것이다
그렇게
믿는다

초라해지고 싶지 않다, 는
함량 미달의 말

초라해지고 싶지 않다는 말
좋은 사람, 괜찮은 사람으로는 함량 미달인 말이다
괜찮은 사람과 초라하지 않은 사람 사이에 등호(=)가 존재한다, 고
믿는 순간
진짜 초라한 사람이 된다
세상이 평균이라 지정한 기준에 미치지 못하는 것만 같아서 스스로 함량 미달
이라고 좌절한다 인간을 평가하기에 한참 모자란 기준 때문에 깊이 낙담한다

초라한, 의 기준이 뭘까 생각한다
남들 다 사는 것을 사지 못하는 것
남들 다 하는 것을 하지 못하는 것
남들 다 먹는 것을 먹지 못하는 것
남들 다 노는 것을 놀지 못하는 것

남들, 을 척도로 한 수준에 미달해서 초라하다고 한다
대부분, 속에 속하지 못해서 화가 난다

대부분이 누리는 것을
누리지 못하는, 것과 누리지 않는, 것은
마음가짐이 다르다
선택되지 않아서 불행하고, 선택해서 행복하다
객체가 되어서 스스로 고꾸라지고, 주체가 되어서 스스로 날아오른다
삶에 휘둘릴 것이냐 삶을 주도해 나갈 것이냐
조건은 달라진 게 없는데 마음먹기에 따라서 함량 미달이 되기도 함량 초과가 되기도 한다

초라해지고 싶지 않다는 말
그 말 자체가 함량 미달의 말이다
함량 미달의 사람이 되는 말이다
세상의 기준과 상관없이 나에게 당당하면
누군가가 그렇게 초라하게 살고 싶으냐는 말을 혀끝으로 차 뱉어도
아무렇지 않을 수 있다는 것을,
마음을 바꾸고서 확실히 알게 되었다
충분히 괜찮은 삶을 살고 있다는 것을 믿게 되었다

초라하게,
남에게 그럴듯해 보일 자신을 증명하며 살 필요가
살고 보니,
없다

충분히 안다고
생각했는데,
결코 모를 것들

시간이, 사랑이나
우정을 완성하지 않는다는 것을 알았다
10년이 지나고 나니 이제 너를 조금 알 것 같았고
20년이 지나고 나도 아직 너를 다는 알 수 없었다
시간의 길이로 관계의 깊이를 단정 짓는 건 잘못이었다

너, 는
부모라는 사람들이기도 하고
자매라고 불리는 관계이기도 하고
친구라고 맺은 인연이기도 하고
사랑이라고 믿는 운명이기도 하다

그런 모든 너는,
몇억 년이 흘러도 그 깊이를 알 수 없는 지구를 닮은 지구인이라서
얼마만큼의 시간이 흘러야 너를 다 알았다고 말할 수 있을지,
자신하지 못하겠다
너를 아는 시간이 쌓일수록 너는 보이지 않는다
시간의 겹 속으로 더 깊숙이 숨어버린다

다 안다니까, 알고 있다니까,
머리로 이해하는 것들은 진심에서 멀리 있다
충분히 알고 있으므로 더 이상 듣지 않아도 된다고 오해한다

소통하지 않고 유지할 수 있는 관계란 참 어려운 일인데도,
말하지 않아도 알아요, 라는 흥얼거림은
달콤한 과자를 나누는 행위를 동반하기 때문에
간접적으로라도 마음이 전해지지만, 살아보니
무엇을 내세워 마음을 전하더라도
진심이 담긴 말만큼, 말로 소통하려는 노력만큼,
너를 이해하는 가장 좋은 방법은 없다는 걸 알았다
다 알고 있을 테니 굳이 표현하지 않아도 된다는 생각은,
마음으로 전해지지 않는다
결코 알 수 없을 사실을 알고 있다고 우기는 것만큼,
멍청한 생각이다

현시점에서 증명된 정보와 지식조차도
시간이 지나면 바뀌고, 변하고, 달라지고, 틀려진다
시간의 흐름 속에서 사람도, 변한다
예전의 너는 네가 아닐 수 있는데
예전의 너를 기준으로 너를 판단하고 이해하려고 하니까
달라진 너는 너를 제대로 이해하지 못하는 게, 슬프다

사람에 대해서는 모든 분초마다 노력이 필요하다
환경에 쉽게 영향을 받고 변태를 일삼는 우리는 서로에게
오늘 충분했다가도 내일 충분해지지 않으므로,
결국 언제나 충분히 알 수가 없으므로,
그럴 수가 없으므로,

매뉴얼이라는 게 있어서
너, 사용법을 충분히 숙지한 후
나의 편이와 필요에 부합한 너, 를
적재적소에 호출할 수 있다면 모를까
행여, 그래도, 그나마,
무언가를 충분히 안다, 는 것은
더 이상의 변명이나 설명을
덧붙이지 않아도 될 정도로
많은 걸 알게 되었을 때이거나
사실 다 알지는 못하는데 몰라도 아무 상관없이
무조건 안아줄 수 있을 때이거나
둘 중의 하나일까
그렇다면,

충분히 안다고 생각한다, 는 확신을 의심하고
결코 몰라도 상관없어, 의 마음을 자신하면
그것으로,
됐을지도 모르겠다 충분할지도 모르겠다

커피를 두 잔,
연속해서 마시면 어때서

햄버거를 두 개, 연달아 먹으면 어때서
너를 두 번째, 사랑하면 어때서

커피처럼 햄버거처럼, 연속해서 연달아, 마시고 먹어도,
괜찮다는 걸 알았는데
너를 두 번째 사랑하는 일은 영 괜찮지 않다
두 잔째의 커피로 잠을 설치기도 하고,
두 개째의 햄버거로 배탈이 나기도 하지만
같은 사람을 두 번째 사랑하는 일은 그것과는 비교할 수 없는
부작용이 있었으니까
차라리 첫 번째 사랑이 끝났을 때
그걸로 그만이었으면 나을 걸 그랬으니까

사람과 사람이 만나 모서리가 닿으면 그 것이 사랑일 것이다. 사각이 원이 되는 기적이다. 그러기 위해서는 우선 말을 좀 들어야 한다. 네 말이 내 모서리를 갉아 먹도록 내버려두어야 한다.

(신형철, 느낌의 공동체)

사랑에 관해, 2015년 현재까지는 가장 마음에 둔 문장이다

남녀 간에, 남과 남이 만나는 일에,

무엇보다 중요한 사실 하나를 각인시켜주었으므로
하지만
깊이 닿았다, 는 것과 별개로
문장처럼만, 이면 좋으련만
정작 사랑이 시작되면 쉽게 끝이 났다
내가 닳아 없어지는 게 싫었던 것 같다

겨우 한 사람에게조차 폭 빠지는 게 쉽지 않은 사람들이 있다
첫눈에 반하는 경험을 좀처럼 하지 못하고
몇 번의 마주침으로는 호감만 생길 뿐
그 이상의 감정이 용납되지 않는 사람들이 있다

누군가와 맺은 인연은 평생이어야 한다는 신앙을 섬기는 사람처럼
오랫동안 지켜보고
저 혼자서 내 사람 삼았다 버렸다 반복하다가
어렵게 마음을 내어주는 사람
그렇게 해서 확인한 마음이면
지치지도 않고 오래달리기 할 것 같은데
관계에 대범하지 못하고 지나치게 방어적인
얇디얇은 마음은 툭하면 상처를 받는다
혼자서, 오래 쌓은 마음을 혼자서, 쉽게 무너뜨리고 만다

말을 좀 들어야 하는데 사람을, 사랑을, 좀 믿어야 하는데
견고히 성벽을 쌓고 자물쇠를 단단히 채운 문을 가진 마음은
원이 되는 기적을 믿지 못한다
새로운 것에 대한 두려움은
또 대단해서, 그래서 결국 낯선 사람보다
너를 두 번째 사랑하는 게 낫다고 한다
혹시 내 모서리가 깎여야만 한다면,
너였으면 좋겠다고 한다
안다
한 번 놓쳐버린 두 사람의 관계는
또다시 같은 이유로 스러지게 될 거라는 것
이별하자던 인연을 다시 붙잡아 평생의 연으로 삼는 이야기는
남의 해피엔딩이라는 것

그래서 너를 두 번째 사랑하는 건 영, 안 될 일일까 아니,
커피를 한 잔 더 주문하고
햄버거를 두 개째 베어 물고
나는 너를 또, 사랑하겠다
소유하지는 않고 사랑만 하겠다
두 사람이 마주 보고 있지 않아도,
나란히 살아가고 있지 않아도,
각자의 길로 잘 걸어가고 있는 우리가
굳이 미워하고 저주할 필요도 없이,
불가능할 사랑을 구걸할 필요도 없이,
그저 너는 모르게 사랑하는 마음을 품어서
나쁜 게 무언가 하는 마음으로
오히려 처음 사랑한 때보다 더 폭넓은 사랑으로

이제 와서,
충분히 사랑하지 못했던 너, 에게도 나, 에게도
미안하다는 말을 건네고 싶다
우리가 헤어진 것이
너 때문이었다는 거짓을 품고 살았던 것에 대해서도,
이제라도 너를 다시 사랑하고 보니

행복한 건 너보다 내가 아닌가 싶어서,

그럼,

고맙다는 말도 함께 보내야 할까

보내야 할까

내가 두 번째로 사랑할 수 있게 된 모든 사람에게,

쿨, 과 허세, 의
연애

쿨은
취향 없이 시작한 연애에
흥미를 잃었다, 는 이유로
갑작스럽게 이별을 통보하고

허세는
깊이 없는 관계의 가벼운 결말은 당연하다, 는 이유로
쉽게 이별을 받아들인다
쿨과 허세는 뒤늦게 깨달은 사랑을
잃고 마는 벌을 받는다
대신 또 다른 연애를 위한 비법을 얻는다

벌을 받을 용기가 있어서,
비법이라도 얻는 관계에 빠져보고 싶다

쿨이 되지 못했던 과거에 쿨의 연애를 시기하여
마음 참 헤프다고 비난한 적이 있다

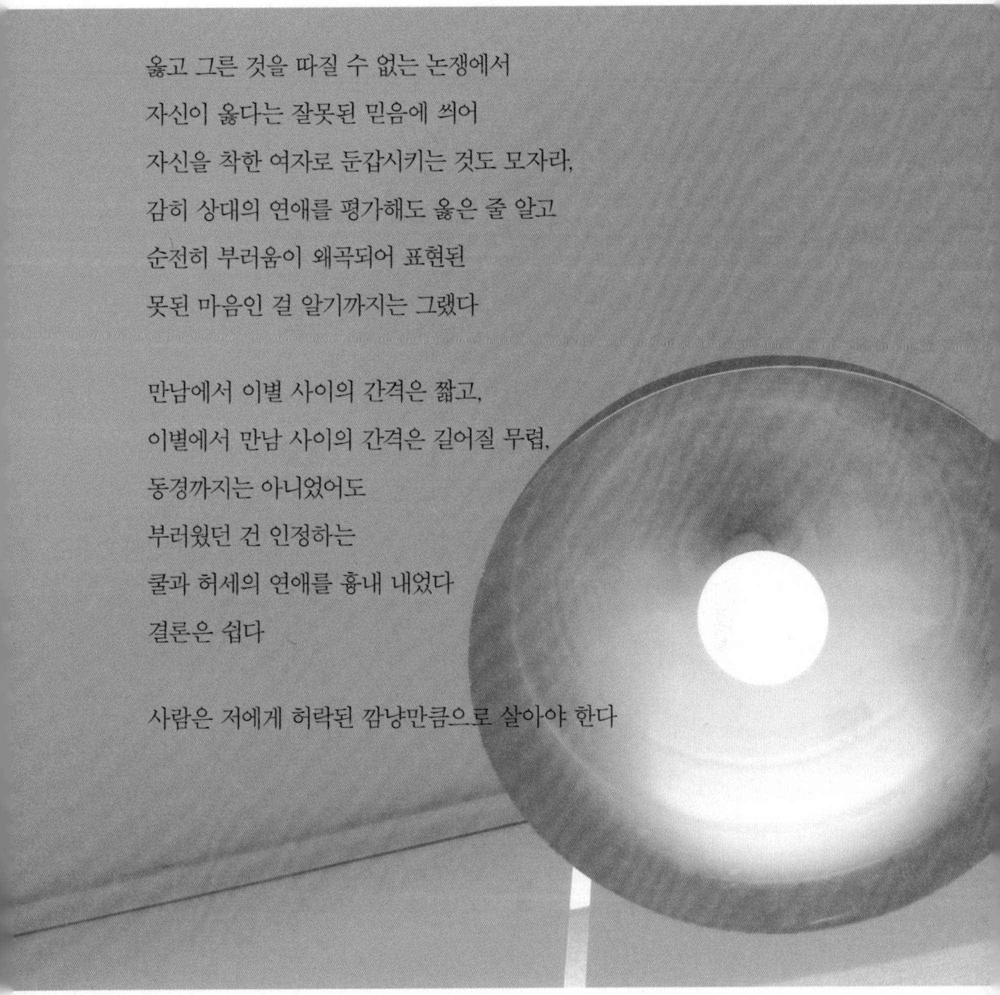

옳고 그른 것을 따질 수 없는 논쟁에서
자신이 옳다는 잘못된 믿음에 씌어
자신을 착한 여자로 둔갑시키는 것도 모자라,
감히 상대의 연애를 평가해도 옳은 줄 알고
순전히 부러움이 왜곡되어 표현된
못된 마음인 걸 알기까지는 그랬다

만남에서 이별 사이의 간격은 짧고,
이별에서 만남 사이의 간격은 길어질 무렵,
동경까지는 아니었어도
부러웠던 건 인정하는
쿨과 허세의 연애를 흉내 내었다
결론은 쉽다

사람은 저에게 허락된 깜냥만큼으로 살아야 한다

얕은 관계와 쉬운 이별에 쿨, 하지 못할 거면
애초에 허세와 사랑에 빠지지 않는 것이
낫다

그런 연애는 뒤늦게 사랑을 깨닫는 벌을 감당할 수 있는
쿨과 허세의 것이
맞다

마음 없는 관계가 가혹하다 느껴지고 헤어진 후에는
오래 괴로워할 수밖에 다른 도리가 없는 사람은
달콤한 부추김에 놀아나지 않는 게
옳다

그렇게 생겨 먹은 게 조금 억울하기도 하지만,
쿨과 허세의 연애에는
삼자는 미처 알지 못하는 그들만의 슬픔이 있을 것이다
쿨과 허세는 그들만의 룰로 맺은 관계에
어떤 책임을 지고 있을 것이니까

그래도
만남, 으로 만남이
쿨도 아니고 허세도 아니었으면
시작이 그랬더라도 끝은 그렇지 않았으면

나의 경우엔,
그랬더라면
경험치의 수직상승을 바랐던 어떤 연애의 순간이
좀 더 아름답게 추억되었을 텐데,
모두의 아쉬움은 아닐 아쉬움이
그 연애의 기억에 안타깝게 서려 있다

텃세,
넌 완전히 새 됐어

원래 그 자리에 있던 사람은

새로운 누군가가 익숙한 내 것 안으로 노크하고 들어왔을 때조차도 못난 눈을 흘기고 못된 생각을 내뱉고 때때로 몹쓸 행동마저 하고 만다 그러고는 그저 늘 하던 대로 살던 대로, 나는 언제나처럼 그대로였을 뿐 텃세, 같은 건 나와 하나도 어울리지 않는 비루하고 조악한 어떤 것이라 우기며 결단코 결백하다고, 묻지도 않은 고백을 주장한다

일찍이 경험한다

사회인이 되기 전 곧 겪을 험난한 사회의 연습이랄 수도 있는 대학시절, 그 속에 친구, 의 그룹이나 동아리, 라는 모임이나 과, 라는 소속이나 대학생, 이라는 타이틀이나 그 같은 것들로 색깔을 맞추고 모양을 매만지고 우리, 라는 이름을 붙여놓고는 어느 때이면 반드시 새것을 받아들여 재단장해야 하고 어떤 때라면 당연히 이질적인 것을 포용할 줄 알아야 하는데 그게 못내 낯설고 껄끄러워서 짜증스러운 얼굴을 하고 뻣뻣한 자세를 취한다
새롭고 이질적인 것을 향하여 이미 그 의미를 아는 텃세, 를 부린다고는 절대 인정하지 않고 그저 어색해서 그럴 뿐이라고 미화하고 만다

그렇게 버티다가

결국 우리, 였던 것이 분명한 그룹이 모임이 소속이 타이틀이 다시 색깔을 맞추고 모양을 매만지기 위해 유연하게 대처하지 못하고 혼자서 우둘투둘 삐쭉거리고 있는 나를 깎아낸다
결국 그런 나, 는 텃세, 를 부리다가 완전히 새 되고 마는 것이다
살수록 더 부피가 커지는 인생이라는 과정 중에 계획에 없이 가해자가 되기도 하고 피해자가 되기도 하면서, 죄책감에 시달리다가 아픔에 고통스러워 하다가를 반복하게 되면서,

이제 그런 나는
소중하긴 하나 작고 보잘것없는 곳에서, 얼마나 아무것도 아닌 문제로 어떤 책임감도 없이 쓸데없는 자존심과 자신감에 찌들어 있었는지 조금 반성하게 된다
대놓고 텃세를 부리는 사람들을 수없이 목격해 오면서, 내가 그 사람들의 분류에 해당되지 않는 건 명백해도 대놓고, 라는 전제가 없다면 어쩌면 그 사람들과 나의 근본적인 마음은 다르지 않았을지 모른다고 제법 현명한 판단을 하게 된다

그러니까 앞으로도 쭉 고통받던 때를 떠올리며
누군가를 아프게 하는 사람은 아니어야겠다고 하는 것이다

그 마음은 확실히 옳다 사실, 가해자가 되는 것은 피해자가 되는 것보다 좀 더 큰, 아니 비교할 수 없는 고통의 문제를 껴안고 있다 당시에는, 내가 직접 겪는 고통이 더 거대하고 아프게 다가오지만 분명히 성장하고 성숙하는 삶에서, 지울 수 없는 고통은 이미 지나가버린 나의 실수와 잘못에 대한 것으로부터 비롯되기 때문이다
어떤 현재에 과거의 나의 고통은 이미 지나가 버렸고 치유가 되었지만 어떤 현재에 깨닫게 된 타인에게 준 고통은 나 때문인데도 내가 치유할 수 없는 문제여서 내 손을 떠나버려서 내내 고통으로 남을 것이기 때문이다

그걸 알고도
또 모든 건 사람의 일이라서,
고통받는 문제나 고통을 주는 문제는
대부분 난제로 남을 것이다
그러므로 반성하는 마음을 조금 더,
현명해지는 때를 조금 더,
앞당길 수밖에 없다
그것은 오히려 누군가를 위해서가 아니라
나를 위해서, 라서
나를 위해서, 빨리
알아차려야만 하는 것이었나

틈, 이 없는 것의
고독한 아름다움

한 치의 오차도 없이 정확하고 매끈하게 선을 긋기
정사각형의 칸 안에 균형감 있게 글자를 채워 넣기
조금이라도 비뚤어졌거나 마감한 자리가 깨끗하지 않으면
애써 공작한 것도 망가뜨리기
일정한 크기로 코를 만들어 일정하게 뜨개질하지 않았으면
다 풀고 처음부터 코 만들기
어떤 부분이 영 마음에 들지 않으면
독후감이든 일기든 어떤 글이든 그냥 다시 쓰기
몇 번을 고치고 몇 장을 구기고 몇 개를 망쳐도
가장 나중의 완벽한 완성을 위해서는
어떤 수고로움도 감수하기
그 과정 중에 결국 시간에 쫓겨 밤을 새우거나
누군가를 괴롭혀 힘을 빌게 되더라도
반드시 해내고 말 것은 해내고 말기
결국 그렇게 하지 못할 거면
차라리 벌을 받기 수업을 빠지기

,아예 시작하지도 말기

그랬었기 때문에 그렇게 하는 동안의 결과물은 언제나 완벽하고 아름다웠다 점수로 평가되거나 상으로 보상받는 경우에는 늘 우수한 결과를 얻었다
무엇보다 한 사람을 완성하는 시간에 체득한 그러한 것은 그대로 그 사람이 되고 그 사람의 삶을 빚어내는 주요한 방식이 되었다

일을 처리하는 데 있어 그것은 아주 괜찮은 방식이었다
자기 관리를 하는데도 있어서도 그랬다 하지만
사람과의 관계를 맺는 일, 사랑에 빠지는 일,
창조적인 일에 도전하는 일, 에는
그다지 유용하지 않았다

또,

자기만족을 위해서 무언가를 완벽하게 하려는 것, 은 옳지만
누군가에게 보이기 위해서 완벽히 해내려고 용을 쓰는 것,
작은 틈을 허락하지 않는 것, 어떤 상처도 감추려는 것,
허술한 것은 용납할 수 없는 것,
너무나 긴 인생을 그렇게 애쓰며 살아가는 것, 은
누구보다 자신에게
버겁고 고통스러운 일이었다

지나치게 완벽한 구도와 질서로 만들어진 것 속, 에 있는 것은 답답하고 어지럽다
그게 눈에 보이는 물질의 형태가 아니라도, 보지 않고도 느껴지고 알게 되는 생각, 감정, 마음, 이라도 그렇다
특히 사랑하는 사람들에게 진심이 담긴 모습보다 잘 만들어지고 다듬어진 모습만을 줄곧 보여주기 위해 쏟았던 시간과 노력에 대해서는, 한심하다

틈, 이 없는 것은 아름답지만 무엇도 누구도 비집고 들어 올 틈조차 없는 것은 결국, 고독이다
살아가면서 스스로 고독을 선택했다면 모를까,
그저 아름다움과 바꾼 고독은 어리석은 일이고 아쉬움만

남는다

•

•

•

•

•

•

•

그래서

다 지난 일에 대하여 이렇게 할 만큼의 후회를 했으니,

앞으로는 좀 허술하게,

사람이 허점 좀 보이면 어때, 라는 말을 수긍하면서

허우대만 멀쩡하면 뭐하냐는 핀잔에

오히려 실실거리며 살아볼까, 싶은 것이다

퐁당퐁당 돌을 던지자
누나 몰래, 너도 몰래

퐁당퐁당 돌을 던지자 누나 몰래 돌을 던지자
냇물아 퍼져라 멀리멀리 퍼져라
건너편에 앉아서 나물을 씻는
우리 누나 손등을 간질여 주어라

새로운 해석, 이라고 하면 상당히 창조적이라고 착각하는 시절에 웬만하면 다 아는 동요 한 구절을 두고도 이런저런 말들을 한다

그중에는

도와주지는 못할망정 건너편에서 일하는 누나를 방해하는 동생 참 못됐다, 가족이 아닌 한 인격체로 놓고 보면 누나에게 돌을 던지는 행위 자체가 비인간적이다, 라며 동요인 것을 외면하고 도덕적이고 철학적으로 분석하려 드는 경우가 있고

그중에는

잠시 쉬라고 돌을 던져 일하는 누나의 손을 간질이는 동생의 마음을 예쁘게 여기고, 퐁당 빠진 돌이 냇물에 파장을 만들어 건너편 누나의 손등까지 닿는 시적인 노래를 읊는, 동요이므로 그저 귀엽고 사랑스럽게 여기고 마는 경우가 있다

사랑받고 싶은 너, 에게 퐁당퐁당
인정받고 싶은 너, 에게 퐁당퐁당

동요는 그저 동요이고
능력이 못 미쳐서 동요 한 줄로 지적인 사람인 척하지는 못하고 퐁당퐁당 몰래 돌을 던지던 천진한 마음을 기억하고 떠올릴 뿐이다
아무도 모르게 냇물에 파장을 일으키는 조그마한 돌멩이 하나로 아무도 모르게 내 마음을 고백하려 애쓰며 애달았던 풋풋한 첫사랑의 시절에 대해

어떤 짝사랑에 대해서는 고백을 했기 때문에 후회도 남지 않았고 혼자서 두 사람이 되기도 했는데 첫사랑을 고백하지 못했던 것에 대해서도 역시 후회하지 않는다
어떤 사랑은 고백하지 않는 게 좋았다고 여겨지기도 한다 용기 있는 자만이 사랑을 쟁취한다는 말이 사랑을 시작하는 가장 효과적인 방법 제 1장 제 1절의 첫 줄에 가장 적합한 문장 같지만 지나고 보니, 고백하지 않은 사랑 하나쯤 간직하고 있어서 그래서 그 사람의 완전한 실체를 알 수 없어서 그래서 지금까지도 틈이 나면 마음껏 핑크빛으로 덧칠할 수 있는 것 같아서 이거, 괜찮군, 미소를 지으며 추억할 수 있다

사랑받고 싶은 너, 에게 퐁당퐁당

인정받고 싶은 너, 에게 퐁당퐁당

사랑이 아니라도 누군가 내가 한 일을 알아주었으면, 나의 유능함을 인정해 주었으면, 그런 마음 때문에 과거의 어떤 때에 어떤 일을 한 것에 대해서는 합당한 칭찬과 보상에 배고파서 쫄쫄 굶은 사람처럼 굴었고,
티 나지 않게 작은 돌멩이 슬쩍 던지고 아닌 척하고 있으면 알아줄까 해서 여전히 냇가에 앉아있는 어린아이처럼 유치하게 퐁당퐁당 돌을 던지곤 했다

사실, 오늘 한 일에 대해
바로 다음 날 어떤 결과나 보상이 주어져야 한다고 성급하게 굴면 당장에 결론이 나지만은 않는 세상일에 실망하고 원망하게 되는 건 당연하다
그런데 시간이 꽤 흘러 먼 과거의 어떤 일들에 대해 불현듯 떠올려보면 딱 그 일에 맞는 통상적인 결론은 아니지만 세월이 흘러 다른 형태로 기대하지 않았던 보상을 받게 되는 경우가

있다는 걸 알게 된다
미처 깨닫지 못하는 것은 현재에서만, 인 것이다

좋아하면 고백해, 나중에 후회하지 말고, 라는 말에 대해 나는, 대신 훗날 너 몰래 돌을 던지던 풋풋하고 예뻤던 나를 추억할 기회는 없을지도 모른다는 생각을 한다
당장 기대할 수 없는 일에 절대 시간과 마음을 쓰지 말자는 식의 마음가짐에 대해 나는, 대신 훗날 뜻밖의 기분 좋은 파동을 느끼게 되는 것은 어제 내가 욕심내어 던진 유치한 돌멩이들 때문이 아니라 당장에 무언가를 바라지 않고 남모르게 슬쩍 던져놓았던 돌멩이의 파장 때문인데, 아마도 그 간질간질한 기분은 평생 알 수 없을 거라는 가정을 한다

문득 흥얼거리게 된 동요 한 곡 부르고는,
그래도 되는 시절에
나도 그냥 해 보는 이런저런 말이다

함께, 가 불편해지는 시점의 당도

나이를 먹으면 현명해진다, 는 말이 누구에게나 적용되지는 않는다 나이를 먹으면 아는 것이 많아지지만 아는 것이 모두 옳은 것은 아닌 걸 잘 놓쳐버린다 놓친 것을 주워 담으려 노력하는 어른이 되어야 하는데 놓친 것은 필요 없는 것이 분명하다고 확신하는 어른이 된다

오랜 습관, 꺾이지 않는 아집, 나만 옳다고 확신하는 정의롭지 못한 정의, 차곡차곡 완성한 지극히 주관적이고 이기적인 기준, 쉽게 흐트러지지 않고 누군가가 무너뜨릴 수 없는, 세월이 빚은 지독히 나인 나

그런 나, 는

함께, 라는 겨우 두 음절짜리 글자가 어렵게 느껴진다

공간에 함께 사는 것뿐만 아니라, 시간을 함께 보내는 것, 감정을 함께 공유하는 것, 함께, 할 수 있는 모든 종류의 것들이 불편해진다

세월이 흐르면

가족에게서 독립하고 학교, 직장, 모임과 같은 집단으로부터 분리되고 친구, 동료, 지인이라는 분류로 관계 맺은 사

람들이 정리되고 태어나서 죽을 때까지 함께 살아가는 인류, 인 건 분명한데 점점 더 함께 살아가지 않게 된다 내 곁을 지키던 사람들이 소모되다가 사라진다

그러므로

고립되고 고독하지 않으려면 함께, 더불어, 같이, 와 같은 유사단어들을 살뜰히 보살펴야 한다 그러기 위해서는 지독히 나인 나, 를 숙일 줄도 알아야 하고 버릴 줄도 알아야 한다 누군가에게 강요하는 것들을 나에게만 관대하게 허락하는 것은 불공평하다 마주 숙여야, 마주 물러나야, 마주 불편하지 않다

나의 현재,

주위를 둘러보면 어쨌든 그럭저럭 비슷하게 잘 살고들 있는데 나는 함께, 인 것이 불편한 듯 보인다

남들을 불편하게 만드는 행동을 했다기보다는 스스로 불편한 방향을 향해 걸어온 것이다 남들보다 조금은 고독하게 고립되는 걸 선택한 것이다 순전히 내가 선택하고 각오한 삶의 방식이다

시간만큼 누적된 현명하지 못한 주관들을 인정하면서도 타인의 것과 부딪히고 마는 것을 끝내 피할 수 없고 나의

것을 포기하는 것도 마냥 쉽지 않아서 평정심의 삶을 살기 위해 다수가 선택한 삶과 달라지기로 한 것이다

그럼에도

나의 선택으로 인해 밀려나고 밀려나다가 끝내 홀로 남겨지는 것은 늙어가는 미래를 떠올릴 때, 끔찍하다

인생을 계절로 치면 지금의 삶은 가을로 접어들고 있어, 이제 차갑고 황량해질 시절만 남았다
건조해질 대로 건조해지고 삭막해질 대로 삭막해지고 나면 메마름 속에서 계절은 다시 봄이 되겠지만 계절과 달리 영원히 순환되지는 않는 일직선의 생의 길이, 어느 때에 봄이 올지 봄이 오긴 올지 확신할 수 없으니

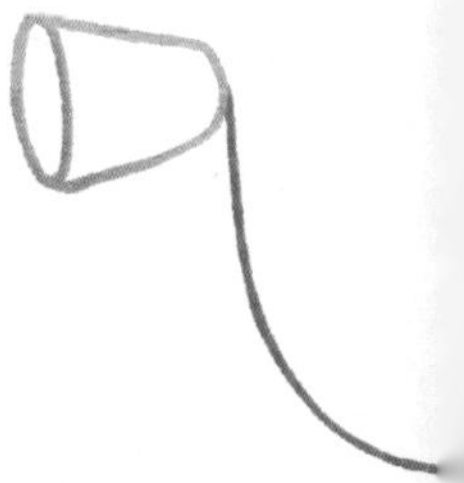

함께,
고백하자

진심은, 불편을 무릅쓰고 함께, 살아가고 싶다
당신도 그러하듯이
나도 그렇다

니가 좋아!

흔적, 을 지우기보다 남기기

커피 컵 가장자리의 가을 빛깔 흔적, 꽃물 향이 진하게 밴 티 tea 유리병, 종이에 얼룩진 작년 여름의 곰팡이 냄새, 청바지의 내 무릎 자국, 흐릿하게 남겨지고만 칼에 벤 상처, 묵은김치 구린내가 빠지지 않은 큰 찬합, 볼펜 잉크가 검게 그어진 하얀 티셔츠, 깊고 오랜 수면의 흔적이 남은 베개 솜 침의 지도, 어느 해 장마에 퉁퉁 불어 잘 넘어가지 않는 페이지를 가진 책, 오래 방치해 두어 쉬이 펴지지 않는 블라우스의 주름, 잊어버리고 사용하지도 않은 새 물건의 원인 모를 얼룩, 지금은 공감 가지 않는 문장 아래로 길게 그어진 밑줄,
완벽하게 지워지지 않는 과거처럼 흔적을 남기고 만 것들 쉽게 지울 수도 없으므로 그래서 그때, 어떤 흔적, 냄새를 남기게 될지도 모를 것에 대해 고민했어야 했다 그러나, 불행히도 남아 버린 흔적은 시간이 흐른 후에 알아버린다

의지와 상관없이 남겨지는 것을 지울 수도 없으므로 이제라도 신중하려 한다 어떤 흔적을 남기는 것이 후회가 없을지 흔적을 지우기, 보다 남기기, 에 마음 쓰려 한다 남은 흔적들이 아픔, 이 아니라 추억, 이 되었으면 한다

내가 즐겨 마시던 커피의 살가운 흔적, 여전히 향기가 날 것 같은 유통기한이 지나버린 마른 꽃잎의 생명력, 당시의 열정이나 이야기를 간직한 모든 얼룩, 그때는 정

말 사랑했던 문장들, 오래전의 날씨와 계절을 품은 그리운 종이 한 장, 한 묶음, 한 권,

과거가 된 흔적들을 바라보는 미래의 내가, 그것들을 기쁘게 추억할 수 있으면 좋겠다 내가 없는 미래에, 나 아닌 누군가의 기억에도 슬쩍 떠올랐으면 좋겠다

흔적, 을 지우기보다 남기고 싶다
저절로 지워지고 마는 시간의 흔적들이 아쉽기만 한 때가 되고 보니 잊으려고만 했던 흔적들마저도 가두어 두고 싶다
미련스럽게 매달리고 붙잡고 싶은 것과는 다른 의미로,

해서는 안 될, 말

나한테 해 준 게 뭔데, 누가 태어나게 해 달래, 가족에게 이런다 이 선 넘어오기만 해 봐, 오늘부터 너랑 절교야, 친구에게 그런다 그래도 뿔난 아이의 말은 좀 아프지만 진심은 아니라서 괜찮다
귀여워서 웃어넘기고 만다

마냥 웃고 말 일이 아닌 말들은 어른의 입에서 쏟아져 나온다 아는 게 많아지는 만큼과 나란한 비율로 말을 뱉어내도 되는 건 아닌데 아이일 때보다 더 많이 아는 주제에, 책임질 수 없는 말을 함부로 한다
그 말은 진심을 알 수 없어서 괜찮지도 않다

아이였기 때문에 보호도 받고, 제재도 받았다 어른이 되었기 때문에 자율적으로 판단하고 행동할 수 있게 되었고, 스스로 책임지고 자제해야만 하게 되었다 누군가가 대신 변명해주거나 해결해 주는 때는 지났으므로 모든 건 나에게서, 비롯되어 나에 의해, 끝이 나는 것이다
그러니 이제

나 아닌 타인에게 상처 주는 모든 말, 해서는 안 되는 것을 알기 때문에, 아는 것을 지켜야 한다

+
하지만 누가 뭐래도
스스로 상처 주지 말아야 한다

이것밖에 안 돼
이제 글렀어
왜 이 모양일까
, 의 앞에 내세워서는 안 되는 주체, 나는,

나를 규정하는 건 나다
타인이 객관화시킨 나도 물론 나지만
누구보다 나 자신에게 가장 큰 영향력을 미치는 건 나다
나의 과거와, 현재와, 미래는 거의 다 나 때문이다
아주 미약하게, 탓할 수 있는 원인을 외부에서 찾아낼 수는 있다

가족이나 친구나 연인으로 가까이에서 나의 삶에 긴밀하게 작용한 사람들, 을 포함하여 나의 지금을 결정한 환경적 요인들 귀가 얇아서 마음도 잘 흔들리는 사람들은 그것들이 삶에 좀 더 깊숙이 관여하겠지만 어쨌든 결국 나의 문제는 내가, 문제다

나는,
꽤 괜찮다
이만큼이나 해냈다
뭐든 다시 시작할 수 있다
이 정도면 행복한 사람이다
나인 게 좋다
나는,

나, 라는 주체에게 어울리는 문장들을 찾아내야 한다
세상에는 그런 문장들이 널리고 널렸다
내 삶에 끼어들어도 마땅할 문장들
마음을 먹기가 쉽지는 않겠고
마음을 먹었어도 현실의 태클에 흔들리기도 하겠지만

나는 나에게 해서는 안 될 말, 들을 알고 있고
알면서도 자신을 상처 내는 바보짓은, 해서는 안 된다

+

해서는 안 될 말, 은 없지
책임지지 않아도 되는 말, 이 없는 것처럼

..

이라고, 지금까지의 글이 시작되기 전에 이미 마무리, 했다

그 말은
모든 말이란, 책임을 져야 하고
책임을 질 수 있다면 해서는 안 될 말은 없다, 는 의미이다
내가 뱉은 모든 말에 대해 책임을 져야 한다, 고
자신에게 다짐하고
또 다짐하는 결론이다

떠나는 중, 입니다

어제, 도 떠나가 버렸고
오늘, 도 떠나고 있으며
내일, 도 떠나게 되겠다

과거로부터 떠나는 중이며
현재에서도 떠나는 중이며
미래로조차 떠나는 중이다

그리고
생의 미지막 순간은
미룰 수도 도망칠 수도 없이 모든 것으로부터 떠나야 한다

태어나는 순간부터 이미 떠나는 중이며
떠나는 동안 떠나는 순간에 더 가까워진다, 그걸 알아버린다
멍청하게도 똑똑해진다

+

우리는
언제나
떠나는 중, 입니다

떠, 나, 보, 내, 기

마흔, 이 되어 가장 먼저 알게 된 것
떠나보내는 것, 이 절대 어렵지 않은 나이가 되었다는 것

이별, 을 위해서 떠나는 중입니다
변형할 수 없는 과거, 를 남겨 둔 곳에서
배웅, 하는 시간과 헤어지는 중입니다
어떤 대가를 지급해도 다시는, 돌아갈 수 없는

떠, 나, 보, 기

마흔, 이 되었음에도 모르겠는 것
그런데도 떠난다, 는 말이 여전히 두렵다는 것

도착, 을 위해서 떠나는 중입니다
변화된 미래, 가 기다리고 있는 곳으로
마중, 나온 시간을 만나러 가는 길입니다
용기 하나만 꺼내 들어도 언제든, 닿을 수 있는

서울에서, 부산

돌아보지 않고 떠나려할 땐

멀면 멀수록 좋다

체르니 40번 첫 번째 페이지 연주를 시작하지 못하고, 중학교 1학년 여름방학에 그만둔 피아노 레슨의 한을, 서른둘이 되어서야 건반 위에 풀어놓기 위해, 한쪽 벽면을 다 차지하도록 15평도 되지 않는 원룸 방에 들여놓은 디지털 피아노
이십 대 마지막 즈음에서야, 땅에서 발이 떨어지는 공포를 극복하고, 온몸에 피멍 지도를 그려가며 넘어지고 달리기를 반복했던, 늦은 배움의 생고생이 새겨진 생애 첫 자전거
지금은 사라졌을지 모를 신촌의 한 중고 레코드 판매점에서, 뒤적뒤적 찾아 구출한 10개 남짓한 레코드판의, 음표 사이 지지직 잡음이 자극하는 향수에 목말라, 부산 본가에서 택배로 실어 온 세월 먼지 쌓인 전축
바로 옆 영화 프로그램 제작팀 소품이었던 브래드 피트와 줄리아 로버츠 주연의 대형 영화 포스터 액자나, 막내 작가라는 새카만 시절의 첫 제작 프로그램이었던 시트콤의 종방 기념으로 가져온 여주인공 방 세트의 진분홍 야옹이 쿠션, 12년 동안 차마 버리지 못하고 이사 때마다 꾸역꾸역 챙겨 싣고 다녔던 무게만 는 현장 대본들
창틀이며 선반이며 빽빽하게 채워두고 그저 좋았던 아기자기한 소품들과, 밤낮없이 일에 치여 부지런히 읽지 못했다는 핑계 중에도 사두었던 책들
옷걸이에 입히려고 샀나 싶은 입지 않은 새 옷들, 땅을 밟을 운명으로 태어나 신발장 한구석에 틀어박힌 채 명을 다한 신발들
수납전용이 되어 버린 가방들, 포장도 뜯지 않은 식기들, 살 때만 귀염받은 액세서리들, 스트레스 해소용으로 소진되어 버린 충동구매한 모든 물건

마음을 단단히 먹으니 그 순간만큼은 이별이 손쉬웠다

12년여의 서울생활은 네 개의 택배 상자로만 남겨져 멀리 제1의 항구도시로 보내졌고 추억을 불문한 나머지는 가차 없이 싼 값에 처분되거나 상당수 기부되었다

먼 거리 덕분에 무거운 짐 짊어지고 가지 않기로 할 수 있었다

후회한 적이 한 번도 없다는 고백은, 새빨갛다

몇 달 동안은 왜, 무엇 때문에, 수없이 순간의 용감한 결단을 꾸지람했고 지나가버렸으나 모른 체할 수는 없는 소중한 추억이 촘촘히 새겨진 것은, 자꾸 그리웠다

물건을 정리하는 것이 삶을 정리하는 데 얼마나 큰 도움이 될까 싶지만, 꽤 많은 것을 한번에 내려놓게 되고 보니 물건이든 사람이든 마음이든 정리, 라는 단어는 내내 참 유용했다
가볍게 와서 지내는 동안에 소유와 집착이 정리 정돈되었다

가지지 않는 것, 의 좋은 점은 구석구석 뭐가 있는지도 모를 때와 달리 한눈에 리스트가 작성되는 단순 명료함, 가져야 할 것과 가지고 싶은 것, 그러니까 꼭 필요한 것과 반드시 그렇지 않은 것을 격리할 수 있는 결단, 을 어렵지 않게 해 준다는 것이다
각오해야 했던 시원찮은 벌이로도 별일 없이 지낼 수 있었던 것도 그때문이다

그것도 못하고 살려면 왜 살아, 대체 무슨 낙으로 살아, 라는 식의 반문은 타인에게도 스스로에게도 했던 말들이다 과거형의 일이다
성취욕을 느끼므로 단칼에 정리하기가 쉽지 않았던 12년간의 작업은 정서적으로는 풍요로움을 주지 못했기 때문에 늘 보상이 필요했다
어떤 직업도 마찬가지일 것이다 늘 합리화해야 했을 것이다 그때는 그렇게 해야 견딜 수 있었고 시간을 자유롭게 쓸 수 없으므로, 돈을 자유롭게 쓰는 것으로 대체

해야 했을 것이다 손꼽아 월급날을 기다리고 월급날이니까, 라는 단서를 붙여 이거라도 해야 사는 낙이 있지, 로 위로하는 것도 말이다

시간이 온전히 내 것이 되고 보니 바짝 쓰고 허투로도 쓰고, 꼼꼼히 채우기도 하고 하릴없이 흘려버리기도 하고, 순전히 그 날의 마음대로, 온전히 나의 계획대로, 하루를 한 달을 일 년을 과소비하니 다른 보상이 썩 필요하지 않게 되었다
경세적으로 여유로우면 좋겠지만 그렇지 않더라도 비용을 들이지 않고도 할 수 있는, 하지 못했던 것들을 마음껏 할 수 있게 되어서 궁핍하지 않았다

버리는 것이 포기하는 것은 아니다
눈앞에 물질의 형태로는 남아있지 않아도
사라진 물건들의 기억이 아직은 하나도 잊히지 않아서,
내 왼쪽 가슴 건실한 창고에 잘 보관되어 있어서,

멀리 떠나오지 않고도 그럴 수 있는 사람이라면 당신은 나보다 썩 괜찮은 사람이지만 멀리 떠나온 것이, 나에게는 삶을 다시 한 번 뒤흔들 수 있는 한 수가 되었다
답답하도록 안전하게 20km/h 속도로 주행하다가 갑자기 오른쪽이나 왼쪽으로 핸들을 꺾어버리는 호기는 살면서 이제 겨우 두 번뿐인 나 같은 사람에게는, 다시 가던 길로 되돌아갈 수 없는, 빼도 박도 못할 상황이 필요한 법이라서

잘 했다

잘한 일이다

멀어져서, 잘 된 일이다

과감하게 버릴 것들
그로 인해 얻어지는
자유, 에 관한 것들

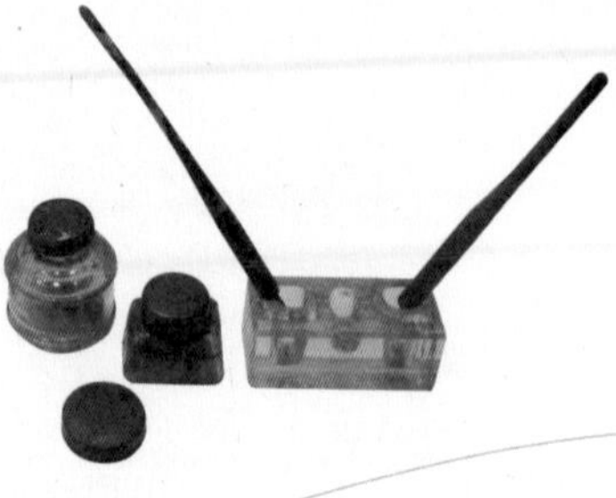

물론,
욕망하고 고대하던, 다급하지 않은데 갖고 싶은, 그런 물건 하나를 사고야 말았을 때 입꼬리에서부터 온몸으로 번지는 기쁨의 전율을 무시할 수는 없지만 살림이 홀쭉해진 후부터 이제, 정리하고 난 뒤, 버리고 난 뒤, 에 더 큰 만족과 행복을 느끼게 된다
버릴 줄을 몰라서 몰랐던 희열이 소름을 돋게 한다

증후랄 수도 있는 집착이 있었다
어릴 적에는 우표, 동전, 엽서, 예쁘고 특이하다는 단서가 붙은 볼펜이나 지우개나 수첩 같은 문구류, 따위를 모으는 것으로 컴퓨터가 실용화되고부터는 보이지 않는 무선의 너머 누군가가 무상으로 제공하는 좋은 글, 멋진 풍경 이미지, 좋아하는 연예인 사진, 을 지치지도 않고 찾아 저장하는 것으로 디지털카메라의 성능이 날로 업그레이드되고부터는 프레임 안에 들어오는 사소한 무엇이든 무진장 찍어대고 차마 지우지 못하는 것으로

갈수록 깊어지는 모으기, 병은 버리지 못하기, 병의 시작점이나 다름 없었고 병이란 것이 그렇듯, 시름시름 앓다가 내버려두다가 심각해지다가 어찌할 수 없는 지경에 이르게 되었다

뼛속까지 새겨진 무엇을 뿌리 뽑는 시도라도 하려면 어떤 계기, 가 필요하다 쳇바퀴 일상에서는 그 어떤 계기를 만들 겨를도 없었지만 그래도 살다 보면 계기를 만들어라, 하는 기회가 가끔 밑밥을 던진다 나에게는 꿈에 대해 제법 진지하게 생각하게 되었을 때, 그래서 많은 것을 버리고 떠나올 수 있었을 때, 가

그때였다

한 번이 어려운 법이다
두 번째나 세 번째나 다음, 에 해당하는 순서에서는
어렵지 않다
과감하게 버린 것들에 대해

처음에는 포기, 라 생각했고
가질 수 없음에서 오는 가난, 이라며 슬퍼했다
그게 물건이든 사람이든 마음이든
처음이라 부끄러웠고 한심했고 스스로 측은했다

포기는 선택, 이라 바꾸고 가질 수 없음, 에서 가지지 않음, 으로 수정하기까지는 시간이 좀 필요했다 대신 듬뿍 허락된 시간 동안 마음을 잘 다독이고 나니, 괜찮아졌다 의식하지 않으니 핀잔이 느껴져도 아무렇지 않은 내 기분이 중요했다

내가 괜찮으면 다 괜찮아졌다 3년이 흘렀을 때 그랬다 오래라면 오래 걸린 것이지만 긴 생의 길이를 옆에 놓고 재어 볼 때 아주 빨리, 썩, 괜찮은 사람이 되었다 삶을 짓누르던 무게의 반을 뚝딱 잘라낸 가뿐함, 부칠 짐 없이 기내용 캐리어 하나로 가볍게 올라 멀리 비행을 시작할 수 있는, 새로운 곳으로 떠나기에 더없이 가벼운 기분
버린다, 는 말의 어감이 싫다면 덜어낸다, 는 말로 표현해도 좋겠다

과감해져야 할 것은 상사에게 대드는 일이나, 명품을 지르는 일이나, 가족을 괴롭히는 일이나, 우정을 져버리는 일이나, 꿈을 배반하는 일, 들이 아니다 과감하게 질렀다가 자신을 상처 내는 부메랑 던지기와 다를 바 없는 미련한 짓들 말고 가질 필요가 없는 것에 대한 집착을,

10초면 거두어가는 남의 시선을, 결국 실망을 안겨 줄 지나친 기대를, 희망으로 위장한 미래에 대한 쓸데없는 욕심을, 진짜 과감하게 버려야 하는 것들을 내 삶에서 추방하면, 자유가 무엇인지 사전적 의미로는 설명할 수 없는 난생처음인 의미를 마주할 수 있다

솔직히,

여전히 버리는 과정에 있는 누가 할 소리인가 싶지만

시작도 하지 않았던 불과 몇 년 전의 나와,

그때의 나를 닮은 당신과는,

결과보다 소중한 과정, 에 담긴 행복에 대해서

나직하게 얘기 나누고 싶다

떠나간 청춘,
떠나보내기

여자의 젊음, 에 대한 하찮은 잣대에 휘둘리고 싶지 않은 것과 별개로, 어디서 들어봤음직 한 이야기를 나 역시 들었던 적이 있다

20대,

스물하고 셋, 넷, 다섯, 여섯, 그러다 받침에 ㅅ(시옷), 이 없어지는 나이 스물일곱, 부터는 여자로서의 가치가 떨어진다는, 당시에는 간이 철렁 내려앉았지만 지금 생각해보면 얼토당토않은 이상한 이야기

그러니까

그 위력적인 ㅅ(시옷)이 20대를 모두 지나고 초성에 간신히 기어올라 대롱대롱 매달린 서른, 이 시작되고부터 그마저 자취를 감추는 마흔, 에 접어들면, 그렇다면, 여자는 완전하게 여자에게서 떠나는 것인가

타인의 시선 또한 나의 현실을 직시하는 솔직한 잣대이기도 할 테지만 특히 마흔이 되어보지 않은 사람들은 지극히 건조하고 이해와 동정이 결여된 시선인 채로,

자신에게도 들이닥칠 그 슬픔을 고작 그렇게 평가할 건가 하긴, 마흔에서 멀었던 나의 시선 역시 그들과 마찬가지였으므로 이제야 부끄럽다
어쨌든, ㅅ(시옷)에 얽힌 슬프고 이상한 이야기의 숨은 의미는 사실 성별과는 별 상관없이 청춘이 지나가는 나이를 가진 모두에게 서글프다

청춘을 잃어가는 슬픔을 강요받기 시작했을 때
실은 남들이 뭐라고 하는 것보다 스스로 제동을
걸며 더 큰 시름에 빠졌었다
나이를 생각해, 아직도 청춘인 줄 알지, 남들이
뭐라고 생각하겠어, 기타 수없이 많은 등등
남들이 뭐라 하기도 전에 지레 자신을 단속하는
내가 있었다

나이를 의식하지 않고 젊은 마음으로 젊은 생각으로 평생을 살면 좋겠다
그런데 나의 경우는, 간다는 청춘의 옷깃을 굳이 붙잡고 늘어지는 것보다는 무사히 잘 배웅, 하고 살아온 시간에 걸맞은 나의 솔직한 모습을 기쁘게 잘 마중, 하는 것이 좋다는 쪽이다
그러니까 청춘을 떠나보내는 것은 내가 가장 잘 해내야 한다는 생각

Tokyo
Hong kong

젊음, 이 부럽다고 말하는 순간
이미 청춘과 멀어져 가고 있는 자신을 알아차려야 한다 이별을 담담하게 받아들일 준비를 해야 한다 나이 따위에 숫자 따위에 굴복하지 않아, 라고 악을 쓴다고 이미 멀고 깊어진 거리와 폭을 당겨와 좁힐 수는 없으니까 순순히 더는 젊지만은 않다는 것을 인정하는 것, 그럼으로써 오히려 마음이 평화롭고 생각이 자유로워 모습에서도 자유의 푸른빛이, 청춘과는 다른 평온한 푸른빛이 자연스럽게 발산되는 것, 그걸 노리는 것이다

청춘의 막바지에 다다랐을 때는 오히려,
한창때의 파릇함이 그리워 다시 돌아가고 싶다는
생각을 떨칠 수 없었다

청춘이 비껴가고 있었을 때는 아직은,
청춘을 결코 붙잡을 수는 없을 거라는 생각을 확신하고 싶지 않았다
미련이란 것은 어느 나이 즈음에 이르러도 어김없이 찾아와, 기본 12회의 수업 종과 촘촘히 짜인 일과에서 해방된 때에는 학창시절을 그리워하고, 성인으로서 사회인으로서 그렇게 바라던 독립을 한 후에는 학생도 아니면서 사회인도 아니고 성인식만 치른 어정쩡한 어른으로서의 미성숙한 시절의 휘청거림을 재연하고 싶어진다
그러니 말해 무얼 할까,
청춘을 잃게 되지 않을까 전전긍긍하게 되는 때의 아픔을, 그래도, 언젠가는 인정해야 해서 선명하고 향기로운 절정의 꽃을, 정오의 따가운 에너지의 햇살을, 밀물 때의 축축한 살갗을 드러내지 않은 갯벌

을, 사시사철 푸름이 떨어져 나가지 않는
소나무를,
낙엽만 굴러도 까르르 터지던 웃음을,
노력하지 않아도 빛나던 기운(aura)을,
단단하고 탄탄한 뼈와 근육을,
지치지도 않는 열정을,
미워할 수 없는 오만을,
부러워하지 말고 아쉬워하지 말고 그리워하
지 말고 절정을
비켜간 뒤의 아련함과 겸손함과 노련함과
유연함, 그것만을 사랑하겠다

떠나야 하는 것, 에게는
잘 가라고 좋았다고 고마웠다고 그저, 미소
를 지어주겠다

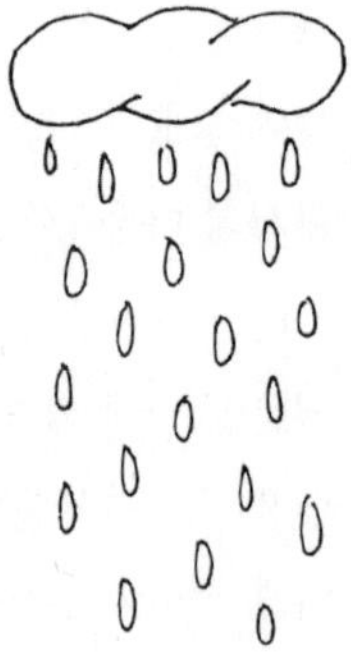

소속, 에서
떨어져 나오기

12년의 시간,
어떤 것을 알아내기에는 충분한 시간
모든 것을 안다 하기에는 부족한 시간

12년 동안은 방송작가라는 타이틀은 나의 한 조각이었다 그래서 나는, 방송국이란 곳에서 어떤 일을 하는지는 충분히 설명할 수 있다
그러나 나는, 방송국이란 곳에서 어떤 일이 일어나는지는 완벽히 설명할 수 없다 착한 프로그램을 만나서인지, 인복이 있어서인지, 꽤 좋은 사람들과 그럭저럭 좋은 분위기에서 일했다

꽤, 그럭저럭, 인 데 뭐가 좋았냐고 시비를 걸 수도 있는데 완전한 객관화를 할 수는 없어도 경험적 판단으로는 정신없이 돌아가는 방송국 시스템에서 꽤, 와 그럭저럭, 은 좋은, 과 어울린다
일정 간격으로 제작 프로그램과 제작팀이 교체되는 방송국의 시스템 덕분에 일과 사람에 지칠만하면 새 프로그램에서 새 얼굴의 팀원들과 다시 새롭게 합을 맞추는 것도 꽤 마음에 들었다
물론 나중에는 그런 장점이 적응력을 시험받는 듯해서 스트레스가 됐지만 어쨌든 일에 대한 애정이 오르락내리락하는 것 말고는 별일 없이 잘 지내왔다는 건데, 다른 유형의 사람과 상황을 겪은 동료들의 경험을 공유하면서 나는 겪지 못한, 믿을 수 없이 경악할 만한 사람과 상황도 있다는 걸 알게 됐다는 게 포인트다
같은 바닥, 이라고 전제한 곳에서 나는 상상할 수 없던 일들이, 소문에 불과할 뿐이라고 생각했던 일들이, 어느 한편에서는 일어나고 있었다는 사실은 정말, 사실이었다 그러니까 12년은, 길지 않았다 무엇을 제대로, 자신 있게 정의하기에는

그렇다면 제대로 알지 못한다고 인정하는 일을 더 깊은 애정으로 알아가지 않고 떠나올 수밖에 없었던 이유는 뭘까
나름대로 불행하지는 않았다고 고백할 수 있는 시간 동안 성취감을 느끼는 것과 별개로 떠나지 않았던 어떤 생각, 마음, 간절함, 별일 없어도 더는, 별일 없이 하던 대로 하고 싶지 않다는 최종의 결심, 때문이다
상업과 순수 어느 쪽에도 속하지 못한다 전자에서는 상처받고, 후자에서는 자괴감에 빠진다 그게 이유다

사이, 에 머무르는 건 어느 한쪽에 깊숙이 빠져있는 것과 다르게 고통스럽다
순수해지고 싶지만 마음이,
흙탕물에 빠졌다 나와 지워지지 않는 얼룩으로 추하게 덕지덕지 해서 안타깝지만 죽을 때까지 예술은 하지 못할 것 같은 것이다
좀처럼 곁에도 가지 못하고 멀리서 이쪽, 저쪽, 도 없이 힘들게 서성이게 될 것 같아 두려운 것이다

이제야 경쟁력이 생기지 않았을까, 하는 시점에서 믿음직한 줄을 잘라냈을 때
마음의, 정서적 거리

새로운 곳에 거주하기로 결정한 것을 순식간에 밀어붙이고 난 후
현실의, 물리적 거리

시간이 지날수록 종종, 에서 가끔, 으로 주기가 달라졌다지만 그 거리, 그 사이를 힘겨워하거나 아쉬워하던 순간들을 생각해보면 나는 줄곧 이곳에 있지도 않고, 저곳에 있지도 않았다
더는 바라지 않아서 떠나온 곳, 과 이제라도 바라니까 떠나고 싶은 곳, 사이에서

너무 일찍, 이 아니었나
누려야 할 것들을 포기, 한 것은 아닐까
염려가 비집고 나오면 두 개의 문장이 생각의 링에 오르곤 했다 그래, 아직은 보고 듣고 누려야 했을지도 몰라, 그 많은 것들을 아니, 아직도 비우지 못하고 미련, 에 질질 끌려다니는 거야, 대체 언제까지 그럴 건데 그 두 가지의 마음은 어쩌면 앞으로도, 때로는 처절하게도, 싸울 것이다 갈등이나 고민은 좀처럼 속 시원한 해결을 쉽게 결론에 이르게 하지 않는다
그러니 조금 오랫동안 결론 나지 않을 시간 속에서 헤매게 될 것을 각오해야 한다 다행인 것은, 헤매는 동안에 꿈에 일찍 도착하진 못해도 하나도 괜찮은데 하나보다 훨씬 많은 것을 얻게 된다는 걸 알게 된다 그래서 미련의 빛깔은 흐릿해지고, 꿈의 길은 선명해진다

그거면 좋다
어디에 속해 있다는 안정감이 안심될 때도 있었지만 오직 나 하나 소속되어 있는 시간이 행복해지고 감사해지므로, 참 좋다

내내 힘이 됐던 문장들, 여기, 보여주고 싶다

헤매는 이들이 모두 길을 잃는 것은 아니다.
(J.R.R. 톨킨)

우리는 때로 길을 잃어보아야 한다. 세계를 잃어버린 다음에야 비로소 자기 자신을 발견하기 때문이다. 우리가 어디쯤 서 있는지 우리를 둘러싼 무한한 관계 속에서 나를 깨닫기 시작하는 것은 바로 길을 잃으면서부터다.
(헨리 데이비드 소로우 '월든' 중)

당신은 당신이 생각하는 대로 살아야 합니다.
그렇지 않으면 머지않아 당신은 사는 대로 생각할 것입니다.
(스콧, 헬렌 니어링 부부 '아름다운 삶, 사랑, 그리고 마무리' 중)

이전의 나, 를
떠나보내기

예를 들면
오래된, 개선하지 않은, 고치지 못한, 나를 갉아먹는,
습관
도덕관념
강박행위
소유욕과 집착과 미련
그리고
필요에 의해 진짜를 숨긴, 미처 알아차리지 못한, 진심
이 결여된, 자칫 잃을 뻔한
가식의 가면
진실이 된 거짓
조건적이고 계산된 관계
점점 더 이해할 수 없게 된 나

지나고 보니, 라는 단서를 붙일 때 그 어느 때보다 제대로 반성하고 돌아볼 수 있게 되는 것은 지금 정도의 세월을 지나와야 가능한 것 같다
과거의 나도 그 이전의 나에 대해 칭찬하기도 하고 꾸짖기도 했지만 그럴만한 근거가 부족한 때여서 자신에게 실수한 적이 많았다 그래서 제대로, 나에 대해 평가를 하려면 어느 정도의 시간은 겪은 뒤라야 한다
그런데 그 시간을 겪은 후 어리석었던 나를 반성하고 개선할 수 있다 해도, 아마도 더 많은 시간이 흐르면 또, 나는, 지금의 어떤 나를 버려야 할 것이다 언제나 현재의 나는 이전의 잘못된 나, 를 보낼 수 있어야 한다

예를 든 것보다 더 많은 잘못을 한 내가 있다 무엇보다 잘못한 것은 내가 나답지 못하고, 나다운 것을 숨기려고만 했다

기의 싸움에서 지지 않기 위해 더 강력한 못된 말과 행동들로 여린 것을 감추려 했던 것
괜찮은 사람처럼 보이고 싶어서 마음에 들지 않고 상처를 받기도 하는데도 솔직하지 못한 것
정숙한 사람이 되고 싶어서 욕망을 숨기고 열정적으로 마음을 쏟아내지 못한 것
능력 있는 사람이란 걸 증명하고 싶어서 하고 싶은 일보다 해야 하는 일에 소중한 시간을 몽땅 바친 것

너 자신을 속이고 사랑받느니
너 자신을 드러내고 미움 받는 게 낫다.
(앙드레 지드)

시간이 많아지니 책을 다시 다독할 수 있어 좋다 내게 좋았던 문장을 자랑할 수 있어 좋다 아마도 최선을 다해 떠나는 중, 의 나는 더 많은 문장들을 자랑하게 될 것이다
이것은 본의 아니게 예고가 되어 버린다 결론은, 오래된 글은 옳다는 것이다 콕 찍어 나의 잘못을 지적한 지드 선생의 말이 아프면서도 고마웠다는 것이다 지금은, 그래서 지난 잘못을 바로잡아가는 중이다

요즘 나는, 예전과 달라졌다는 오랜 친구의 말을 듣는 것이 의아했다가 이해하게 됐다
상대가 느끼기에, 좋은 쪽으로 인 것도 있고 나쁜 쪽으로 인 것도 있겠지만 내가 느끼기에는, 대체로 좋은 쪽으로 달라진 것이다 나의 외부보다 내부를 이해하고 응원하는 쪽으로
그래서 좋지 않은 쪽으로 좀 변했다는 얘기도 달갑게 듣는다 미안한 면이 있지마는 그들이 예전의 나쁜 나도 나로, 수긍한 것처럼 익숙하지 않아서 나쁘게 느껴지는 현재의 나도 나로, 이해하게 되리라 믿는다

그러니
나는 나를 잘 걸러내고
나는 나를 잘 단속하고
나는 나를 잘 다독이면
가장 나다운 나로 잘, 지낼 수 있을 것이다

우리는 나이가 들면서 변하는 게 아니라
보다 자기다워지는 것이다.
(린 홀)

나보다 오래 사신 어르신도, 그렇다고 하지 않는가

무엇보다
소녀, 를 떠나보내기

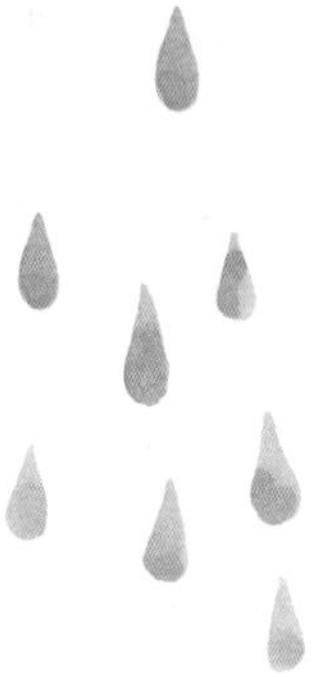

이전의 나, 를 버리는 것 중에
가장 어려운 것
아쉬움이 남는 것
그러나 반드시 떠나보내야 하는 것

소녀 같다, 는 말이 아직은 어울리고 괜찮았던 때
성숙한 어른이고 싶다며 징징대면서도 속으로는 나쁘지 않았다
소녀가 벗겨지고 성장과 성숙의 때가 입혀지면서는
내 안에 소녀가 머무른다고 확인시켜주는
빈말일 수도 있는 말들이 소중하기까지 했다
빈말마저 그 횟수가 줄어들자 점점,
타인에게 그렇게 느껴지는 생각이나 행동의 요소가
미세하게 남아있어 뱉어냈을
아직 소녀 같다, 는 말을 부여잡고 놓고 싶지 않아졌다
인정하기 싫었다
이제 정말로 내 안에 소녀는 남아있지 않는다는 것에 대해,

소녀 같다, 는 말을 스스로 놓아야 하는 때
떠나보낼 수 없다고 고집 피울 일이 아니다
그것 또한 욕심이고 집착이다 하지만
여전히 소녀 같은 어르신들을 만난 것은 현실에서였다 그럼
소녀 같다는 말을 굳이 놓아야 할까
소녀처럼 순수한 마음과 해맑은 미소를 장전하고 살아가면 되는 것 아닌가
의식하지 않아야 한다는 것이 중요하다 의도적으로 그렇게 보이고 싶은 건 욕심, 이고 그런 의도 없이도 자연스럽게 발현되는 건 진심, 이다
욕심을 버리고 진심으로 살아야겠다는 말을 하고 싶었다

이제 한 소녀가 서쪽 산등성이 너머로 스러지는 것을
못내 아쉬워하지 않으려고 한다
이전의 나, 를 떠나보내기 위해 먹었던 마음처럼
지금의 나는 딱, 지금의 나로만 살면 그만이라고

시간이 흘렀고
많은 것이 변했고
변한 것 중에는 사실 잊고 싶지 않고
헤어지고 싶지 않은 것들도 있지만
그 자리에 머물며 정체되지 않으려면,
정체된 것을 끝없이 반복하지 않으려면,
과감히 등을 돌려, 갈 길을 갈 수밖에 없는 일도 있다

대부분의
기준, 에 대해
신념, 에 대해
모호해지는 순간,

잘 살아왔는가, 라는 질문에 대해 잘 살아왔든 그렇지 않든 지금부터라도 잘 살면 된다, 라고 각오할 수 있는 시점
다시 시작해 볼 마음을 먹어도 되는 시점, 일지도 모른다
하지만 누군가가, 잘 살아왔는가, 라는 질문에 반드시 또렷하게 대답을 해야 한다고 압박해 오면 그것을 판단하는 기준이 모호해져서 어쩔 줄 모르고 만다

마흔을 목전에 두었을 때는 왠지, 삶, 에 대해 냉정해진다 젊은 시절의 확신에 가까웠던 신념들이 의심을 받는다 몸과 마음이 약해져서 자신감이 사라진 탓은 아니다

보고 들은 것이 풍요롭지 못했던, 그래서 무지하고 용감했던 갖가지 정의(定義)가 시간이 마련해 준 숱한 경험들 앞에서 고개를 빳빳이 들 수 없게 되었기 때문이다
비슷한 모양을 한 정의가 수없이 많고 하나도 닮지 않은 정의 또한 수없이 많아서 정의(定義)는 수많은 정보와 환경을 만나 더 많은 경우의 수를 쏟아내는, 세상의 모든 것이었다 그 모든 것이 사방에 천지인데, 그래서 미숙했던 정의들은 부끄러워 꼭꼭 숨어버린 것이다

마흔은 선명해지기는커녕, 점점 더 모호해진다

나쁜 것은 아니다 지나치게 나의 시간만이 투영된 것들은 차라리 모호해지는 게 낫다 사라지는 게 낫다 잘 살아왔는가, 라는 질문은 가벼워지고 잘 살아갈 것인가, 라는 고민은 무거워지는
마흔 언저리에 왔으니,

마흔, 앞에서
우향우 좌향좌

선택의 순간이 오면 결정해야만 한다 결정이 버거워 선택하지 않겠다는 건 책임지고 싶지 않다는 것인데 책임지고 싶지 않다면 어떤 결론도 기꺼이 받아들여야 한다 어려운 건 하나도 하려 하지 않고 웃을 일만 바라는 것이, 웃을 일이다

그렇다고
마흔, 앞에서 뒤돌아서는 것은 남은 인생을 통째로 후퇴하는 것이다 선택이라기보다 포기다 눈앞에 갈림길이 나타났을 때 우향우냐, 좌향 좌냐, 구령에 맞출 필요는 없어도 반드시 힘차게 팔을 휘두르며 몸과 발의 방향을 틀어야 한다

물론 선택의 순간은 마흔이 아닐 때도 발등에 떨어졌다 급한 불처럼 떨어진 것도 아닌데 서두르지 않으면 안 되었던 것처럼 쫓겼고 결국은 인생이 휘둘리지 않는 쪽, 안전한 쪽, 다수가 몰려가는 쪽으로 뛰어갔다 그걸 알게 되고 보니 마흔에는 달라지고 싶다

지나고 보면 아무것도 아닌 서른처럼 마흔도 지나고 보면 꼭 무언가를 선택해야 했을까, 의구심이 들 수도 있다 여기서 짚고 넘어갈 것, 마흔이 되었으니까, 라고 전제하는 것처럼 보이지만 마흔이라서 삶을

다시 한 번 돌아보고 선택에 대해 조금은 신중해지겠다는 게 아니라,
이제 생각도 좀 하고 신중해 보려고 하니까 마흔이 되어 있는 것이다
그러니까 마흔이 되면 반드시 오른쪽이냐 왼쪽이냐 선택을 하자는 게 아니라,

마흔이 되었는데 선택을 해야만 하게 되었다면 선택에 쫓기던 때처럼 말고 별일만 생기지 않는다면 더 많이 남았을 나의 삶을 위해 머리로 후다닥 계산하기보다 천천히 마음, 을 믿어보자는 것이다
시간, 을 주자는 것이다
나는, 그렇게 결론을 내렸다

그러니까
이와 같은 결론은 오롯이 나이며, 너의, 한 개인이 자신의 삶을 위해 내리게 될 선택의 한 예일 뿐이다

벌써 vs 아직
두 단어가 싸운다
대치 시간이 길어진다
길어지는 시간만큼, 주춤하는 길이만큼,
마흔 다음의 생이 길을 헤맨다

벌써 마흔,
아직 마흔

벌써 vs 아직
벌써, 는 끝내거나 해내는 것과 어우러질 때는 칭찬해 줄 만했다
마흔이라는 숫자 앞에서는 좌절을, 두려움을 부추기고 있다
아직, 은 부정적인 문장만을 끊임없이 생산할 것 같았다
마흔이 되자 긍정의 마음가짐을 응원한다

이제 그만 헤매고 싸움이 길어지지 않게 서둘러 끝내야 한다
아직, 마흔이라고

마흔 번째,
살기

마흔 번째 해의
어떤 날,
어떤 생각

무리에서 떨어져 나와 있다
타인과 공유할 수 있었던 많은 것들을
잃어버렸다
마흔, 침묵을 어색해하지 않을 방법이든
침묵을 깰 방법이든
찾아야 한다 완전한 고립을 원하지 않는다면

건널목 앞에 섰다
충혈 된 눈으로 나의 걸음을 제지하는, 빨간 신호등
그래, 잠깐 숨을 고르자
마흔 번째에서 카운트되는 삶을
어떻게 살아볼지 생각할 시간이 주어졌다

오른쪽에 서서 나의 한 쪽 면만 보는 사람들
그 무리 중에서 빠져나와
왼쪽에서 나를 이해해 주는 사람, 친구
잘 해야 한다
그런데 이해해 주는 사람 앞에선 센척한다
가족 못지않게 무례하게 군다

마흔인데 그렇게 살지 말자
말년에 외로움에 몸서리친다

집에 있는데 전화가 왔다 어떻게 할래? 란 질문도, 그렇게 하자, 란 결론도 없이 얘기 중간에 오갔던 시간과 장소에 왜 아직도 안 나와 있느냐고 언성을 높인다
요즘, 사람들, 앞뒤는 없고 중간만 있다 동의는 없고 통보만 있다 마흔이니까 나는 그러지 말아야겠다고 생각해 본다

사람을 떠나와서 사람에게 두착했다
지난 해 따뜻했던 날들에 만난 그 사람들, 과
함께 했던 시간, 이 아니었다면
부산에서의 삶은 설레지 않았을 것이다
두 번째의 떠남을 고민하던 마음을 한 번, 두 번,
예쁘게 접어 잠시 넣어두었다
낯가림 심하다는 건 마흔부터는 거짓말이다

마흔, 마흔인데, 마흔이니까, 마흔부터는, 유사한 이런 말을 단서로 두니 이 숫자에 무척 연연하는 것처럼 보일 수도 있겠다 이 나이 먹었기 때문에 어쩌겠다는 게 아니라 한 번 더 강조하듯이 이제야 돌아보게 된 생각들을 반성하고 교훈 삼으려는데, 마흔, 이었다

가끔 아빠와 엄마의 옛 흑백사진이 든 앨범을 펼쳐든다 다 지난 시절을 들여다보는 게 쑥스러우신지 처음에는, 엄마는 애먼 짓 한다며 한마디 하시고는 자리를 뜨셨다 나중에는, 딸 옆에 꼭 붙어 앉아 사진 속의 시간들을 지난 청춘소설처럼 줄줄이 풀어놓으셨다

마흔, 앞에서 알게 된 것

사진의 시간 안에 없던 나는,

아빠의 사진 속 청년의 시간을 결코 알 수 없다 나의 성장기에 옆에 있지 않았던 아빠가 나의 그 시절을 알 수 없듯이
흑백의 푸른 시절을 읊조리는 수줍은 처녀가 된 엄마의 목소리에는 애틋함이 있다 늘 곁을 지켜 준 엄마를 나의 꾸준한 시선으로 판단한 것은 엄마의 전부가 아니다
이제야 그런 생각이 든다
영원히 만날 수 없는 한 청년, 그의 미래를 함부로 원망해서는 안 되겠다고 꽃처럼 활짝 피었던 한 숙녀, 그녀의 미래를 진심으로 애처로워해야 한다고
왜냐면,
다 커서 집을 떠난 자식이 집을 떠나 있었던 동안 보지 못한 내 삶을 어떻게 다 이해할 수 있느냐고 화를 내다가, 부모의 반쪽의 삶밖에 알지 못하는 너는 당신들의 삶을 이해할 수 있는지, 이해하려고 노력은 해 봤는지, 반성하게 되는 순간이 오기 때문이다

한 사람의 평생의 시간을 알고도 결코 이해할 수 없는 게 인간이라서 아무리 가족, 이라는 계급장을 달고 있다고 해도 서로를 100% 이해할 수는 없다 부모가 자식을 이해한다는 것은 하나도 남김없이 이해하는 게 아니라 어떤 상황에도 이유 불문하고 네 편, 이 되겠다는 사랑이고 믿음이다

그런데 참 이상도 하다 자식은 부모의 출생부터 부모가 나를 나을 때까지의 시간을 모르고 부모는 자녀의 독립이나 결혼으로부터 그들의 죽음까지의 시간을 모르는데, 그러니까 부모나 자식이나 전 생애를 놓고 보면 서로 반쪽짜리 삶밖에 목격할 수 없는데, 부모와 자식은 암묵적인 불공정, 불균등, 불평등한 조건으로 맺어진 관계라서 부모는 지원도 응원도 이해도 늘 해주는, 쪽이고 자식은 늘 받는, 쪽이라는 게 인류의 역사상 지극히 자연스럽고 당연한 일이라고 한다

다만 너도 사람이라고, 한 치의 의심도 개선의 노력도 하지 않는 이

런 당연한 관계를 잘 유지하다가 키가 크고 머리가 크고 마음도 커졌다면, 어른이 된 것 같으면, 인간으로서의 나의 부모의 이야기를 듣고 이해해야 하지 않을까 불현듯 생각하게 되는 것이다 불효자가 아니라고 우기는 것이다

맑은 시절의 한 자락을 공유한 형제자매, 에 대해서도 더불어 생각해보면 정서적으로 남, 이 되어버리는 순간을 받아들여야만 한다는 것
서로에게 더 중요해지는 것이 생기는 삶을 배신, 이라고 생각하지 말아야 한다는 것
또 어린 시절과는 달리 이제는 제각각 살게 될 서로의 미래를 응원, 해 주어야 한다는 것
그 정도만이라도 이해하려 한다면 한 자락의 시절을 공

유한 것만으로도 부모보다 더 오랫동안 혈연으로 유지 될 시간에 서로 어깨를 빌려줄 관계가 될 것을 알게 되는 것이다

아빠와 딸 엄마와 딸 아빠와 아들 엄마와 아들 누나와 남동생 형과 남동생 언니와 여동생 오빠와 여동생
사랑하고 사랑받는 관계여야만 하는 두 사람 사이의, 멀어진 몸과 마음의 거리를 겨우 연결하고 있던 고리에서 삐거덕거리는 소리가 위험을 알려오면 둘 중 한 사람은, 둘 중 하나를 선택해야 한다

긴 대화를 시도하거나
오해한 채로 나머지 시간을 살아가거나
딱 본 만큼만 아는 과거에 구축된 확신으로 가족의 누군가를 결론짓는 어리석음,
각자의 삶을 사느라 물리적으로 정서적으로 떨어져 지낸 오랜 시간,
가족이니까 굳이 이해하려고 노력하지 않아도 된다는 착각,

이런 것들은 두 사람을 마주 보지 못하게 한다 그러니까 대화는, 점점 해야 할 말을 할 시간을 잃어가는 가족일수록 꼭 필요하다 그러나 수많은 오해를 풀 시간이, 체력이, 인내가 차마 부족할 수도 있다

그래서 그런 생각도 한다
그냥 오해한 채로, 가 더 나을 수도 있지 않겠느냐고 설득할 수 없는 가치는, 이해되지 않는 간격은, 오랜 시간이 만든 거리는, 좀 슬프지만 그냥 그대로 두는 게 낫지 않겠느냐고

만나면 으르렁거리면서 그리워하는 사람들이 있다.
너무 좋은데 멀리 있어야 하는 사람들이 있고, 미워도 가까이 있을 수밖에 없는 사람들이 있다.
생각해 보면 사람 사이의 거리는 사람이 정하는 것이 아니다.
(예순 아홉, 사랑은 왜 이렇게 어렵니?, 인도네시아 토라자)

어느 해 겨울,
혼자 멀리 떨어져 살던 날 중의 하루,
이 문장을 마주했을 때
조금 울컥하고 눈물이 날 뻔했던걸
기어이 참았던 기억이 있다
흐릿한 기억으로는 사랑하는 가족들이, 연인들이, 함께 하고 싶어도 그럴 수 없는
죽음, 이라는 되돌릴 수 없는 이별 앞에서 오열했던 이야기를 TV에서 봤던가, 온라인 뉴스에서 읽었던가, 그랬던 직후에 이 문장이 쓰인 책을 읽다가 그만, 그랬던 것 같다
정작 내가 사랑하고 보고 싶은 사람은 곁에 없고 미움의 세계에서 견디고 있는 것이 서럽게 느껴졌던 때여서, 그랬던 것도 같다
특히 첫 줄이 아리면서도 피식 웃고 말았던 것은 만나면 으르렁거리는 내 가족들이 떠올라서, 였던가

가족은
가까이 있으면 서로 잔소리와 쓴소리로 마음을 상하게도 하고 멀리 있으면 해방의 기분을 만끽할 수 있게도 하고 그런데, 가까이 있다가도 멀리 있다가도 그리운 것이 가장 옳은 사람들이다

동거하지 않은 시간이 영원히 이해해주지 않을 나, 모두가 그런 나, 를 품고 있다 나만 억울한 게 아니다 그렇게 생각하면 이해받지 못하는 나는 아쉬워할 필요도 없고 너도 서운할 필요가 없다

그런데 나는, 당신은, 인간이고
인간은 참 하찮다

•
•

머리로 아는 것과
가슴이 깨닫는 것이 다르고
마음이 시키는 것과
몸이 행동하는 것이
다르니까

•
•

그런데도,
지금, 알게 된 것을,
모른 척, 할 수는 없다

가끔 당신의 사랑, 을
의심했던 것을 인정하는 것

엄마, 에 관해 덧붙이기

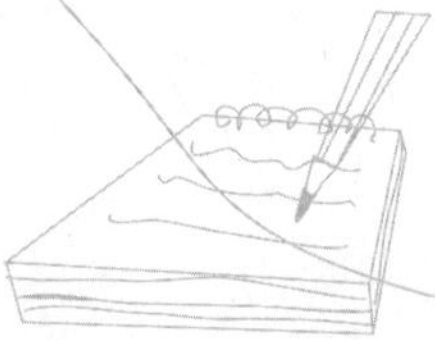

나의 성장을 읽어오고 때로는 집필하며,
나의 이야기의 콘셉트를 강조하고 주지시키는 것은
주로 엄마의 몫이었다
나의 동화에도, 나의 성장소설에도,

그러나
오랫동안 이어진 이야기는 은유가 깊어지고 컨트롤이 어려워지다가 급기야 소설의 주인공이 이야기를 발전시키는 주체가 되려고 한다 전지적 작가 시점이었던 딸의 인생 스토리에서 엄마는 점점, 힘을 잃는다
특히 엄마의 시야를 벗어나 몸도 정신도 독립을 선언하고부터 엄마는 이야기에 깊이 관여할 수 없다가 일정 부분 관여하지 않게 된다

그러므로 엄마의 기준에서 이 소설은, 미완성

미완성 소설을 완성하기 위해 주인공은 열심히 살았다 그러다가 열심히, 보다는 행복하게, 살고 싶어졌다 소설이 해피엔딩이면 다 좋은 거지만 아마도 기승전결의 전개, 에 해당할 지금, 이 해피해야 한다는 결론을 내린 것이다
그런 결론으로 현재진행형인 나의 소설을 엄마는 선뜻 이해할 수 없었을 것이다 가족 중에 나를 가장 잘 이해해 줄 수 있는 엄마라고 해도 애초의 자신의 작품이 지금 대체, 어디로 흘러가고 있는지 꼼꼼하게 소설의 흐름을 점검해 오지 않았다면 손을 놓은 시점부터의 자식의 모든 문장을 냉큼, 이해하기는 쉽지 않았을 것이다
그래서 그걸 이해해주지 못하는 엄마를 딸은 몇 번은 원망했을 것이고 원망 속에는 세상에서 유일할, 조건 없는 사랑을 의심하는 못된 마음이 숨어 있었을 것이다

완벽한 이해를 전제로 하지 않아도 된다 엄마와 딸 사이는 이유와 결론이 명확히 들어맞지 않는 이해로 연결되어 있다 그래서 결국, 서로를 이해하고 만다

엄마는 딸을 사랑하고
딸은 엄마를 사랑하니까

그런 사랑을 딸은 어렸을 때는 당연하다고 여기다가, 성장의 병을 앓으면서 사랑에 대해 희미해지는 믿음을 붙잡고 싶지도 않고, 성인식을 치렀다고 이해의 폭도 마음의 폭도 넓어진 척하다가, 세상 힘든 걸 온몸으로 깨달으면서 만만한 엄마를 향해 엄한 원망의 화살을 쏘고, 성장 병을 앓던 때의 엄마 나이가 되어서야 의심했던 그 모든 순간을 후회한다 그제야 반성한다
나는 엄마를 얼마나 열심히 읽으려 했나 어쩌면 고전 중의 고전을, 짙은 먼지 앉은 중고서점 어느 귀퉁이에 꽂혀 있을지 모르는 애틋한 이야기를,

잠시도 가만있지 못하고, 진지한 대화는 오래 참아내지 못하는, 알고 보니 그런 성격을 가진

지극히 사람, 인 엄마는 딸의 제안에 쉽게 응해주지 않을 것 같지만 딸은 엄마의 이야기를 언제고 찬찬히 들어보고 싶다고 생각한다
단순한 스토리만 엉성하게 기록된 글이 아닌, 세심하고 순전하게 기록된 주인공의 속내가 담긴 글을 말이다 그리고 못다 읽었을 딸의 이야기도 들려드리고 싶다

이 나이에 이르고 보니
시간이 얼마 남시 않은 것만 같아서,
아직 읽을 것이 너무 많아서,
딸은
마음이 바쁘다

365 x 39 = 14,235일, 의 내가
허비해버린 날
365 x ? = 알 수 없음, 의 내가
허비할 수 있는 날

허비, 라는 단어는 부정적일 수 있지만 무엇, 을 위해 어떤, 자세로 허비할 것인가 수동적으로 끌려가지 않고 능동적으로 끌고 가는 허비, 의 주관적 정의는 안심된다

허비해 버린, 의 시간 동안 불평불만을 잔뜩 늘어놓았다 그렇다고 해서 그 모든 날을 후회, 라는 단어와 연결하는 것은 아니다

좋았던 시간, 추억, 성과 못지않게 싫어, 이젠 지쳐, 라는 마음이라든가 안 돼, 참아야 해, 라는 절제로 슬펐던 적이 많았다는 것이다

다행인 것은 별일이 없다면 통계상의 평균으로 볼 때 허비할 수 있는, 의 시간이 아직 많이 남아 있다

자, 그렇다면 그 시간을 어떤 마음으로 시작할 것인가

어릴 적에, 라는 겨우 4글자 안에 습관, 기질, 취향, 사고, 성격, 성품, 너무나 중요한 것들이 가득 있다 긴시간이 빼곡하게 들어 앉아 있다

그래서 오래 신뢰했지만, 믿음과 옳음 사이에 항상 등호가 존재하는 건 아니라서 좀 아깝게 느껴지더라도 옳지 않다고 깨달은 어떤 것은 보낼 때가 됐다

지킬 줄만 아는 어리석은 어른은 되고 싶지 않다

시키기 힘든, 이떤 것 다이어트 커피 줄이기 신년 계획

지키다, 앞에 붙는 목적어 신념 정의 약속

살다 보니 반드시 지켜야 하는 것은 없었다

건강만 해치지 않는다면 살이 좀 붙어도 되고

잠을 설치는 날이 있더라도 커피를 마시면 되고

지키기 힘든 신년 계획은 굳이 세우지 않으면 되고

지켜야 한다고 압박받는 신념 정의 약속 같은 것들은

알고 보면 내실이 약하고 영원하지 않은 것들이라서

불변의 어떤 것을 떠받들 듯이 떠받들어

지켜낼 필요가 없더라

남들이 하는 것처럼 꼭 해야 할 필요도 없다

내가 남들과 다를뿐더러, 남들이 다 한다고 해서 그것이 모두 옳은 것도 아닐뿐더러, 특히 시간을 쫀쫀하게 쓰는 것이 가장 현명하고

서른

너머

멋진 삶이라는 말은 알고 보면 세상 어디에도 정답이라고 나와 있지 않다

시간이란 것은 분명 단 하나로 흐르는데 수만의 개개인이 개인용도, 로 쓸 수 있다는 건 더없이 신비하다 나는 그런 신비한 시간을 마음껏 허비하기로 한다 이제는 내게 용도 허용된 시간에 원치 않는 일을 배당받아 괜한 압박을 받지 않고 그럴 의도가 없다는 시간에 쫓기지도 말고 남들이 평가하는 눈을 의식하지 않은 채 내 식대로, 시간을 사용하기로 한다

방향을 든 3년여의 시간 동안 나는 많이 달라졌다 그런 내가 마음에 든다 변했다, 라는 말을 감당하는 게 버겁기도 하지만 점점 더 괜찮아지고 점점 더 안심된다
무언가 열심히 해야만 했던 때에도 미래가 불안했던 건 마찬가지고 지금도 미래에 대해서만큼은 불안할 수밖에 없는 데, 불안을 좌지우지 하는 요소가 달라져 있어서 그걸 해결해야 하는 방법도 달라져 있고 다행히, 시간은 내 편이라서 점점 더 괜찮아지고 점점 더 안심이 된다

나는 시간을 더욱더 잘 허비하는 사람이 될 것이다 그런 나를 겪는 사람들이 그 모습을 유난히, 봐줬으면 좋겠다

그들도
그들의 남은 시간을 잘 허비할 수 있도록

욕망, 하는
삶을 처분하기

일에 열중하느라 사랑을 과감히 연기하거나 사랑 때문에 모든 다른 것이 중요하지 않거나, 둘 중 하나였으면 좋았겠다
돌이켜보니, 일에도 사랑에도 사력을 다하지 않았다 그러므로 허송세월을 보냈다는 꾸짖음이 억울하지 않다
미적지근한 삶, 이란 결국 이런 허망한 마음을 질펀하게 퍼질러 놓는다
정확하지는 않은 어떤 때, 난잡하게 살아보고 싶다는 생각을 한다 난잡하다는 것의 기준이 뭔지도 잘 모르고 난잡한 것의 실체에 대해서도 제대로 알지 못하는 주제에 간이 심심하고 특징 없는 맛의 음식을 먹은 것처럼 억울한 생각이 들어서였다 쓸데없는 욕망이 발기했다 사그라진다 그런데 그 잠깐의 강렬한마음이 어쩌면 진심인지도 모른다
사랑, 이 자신 없어서 사람, 에 욕심내고 싶은지도 마음, 을 얻을 자신이 없어서 몸, 을 가지고 싶은지도

소용없다는 거, 안다

오랜 시간 훈련된, 나도 어쩌지 못하는 고집 세고 케케묵은 나는 사랑에 있어서는 끝장을 보지 못하게 언제나 나를 막아선다 그나마 허락 받은 것은 새것 같은 삶을 선택할 수 있었던 늦은 용기

사랑하는 것, 보다 살아가는 것, 이 난이도 면에서는 나에게 좀 더 쉬운 문제였던가 싶다

사랑에 관한 한

늦은 때는 없다고 언제나 뜨거운 사람은 한심하게 여길지 모르지만 나는 사랑보다는 삶, 을 선택하기로 한다 솔직하게는 나답지 않은 불 같은 사랑을 욕망했던 마음을 떠나보내기로, 하는 것이다

사는 것 안에 들어있는

잘 성장하는 것, 생계를 잇는 것, 사람과 관계를 맺는 것, 미래를 꿈꾸는 것, 은 사람마다 방식이 달라서 결국 사는 방식도 달라지는 것 아니겠나 내 속 여러 사람으로 사는 게 지긋지긋해져서 진짜 하나의 나만 선택한 게 아니었나

나다운 방식으로 사는 거다

사랑을 포함하여 그렇게 살았으면 좋았겠다고 하는 삶의 모든 욕망은 안녕, 하자

상처가
더디, 낫는다

뾰루지가 생기고, 노랗게 익어 오를 때까지 기다리는 시간
남김없이 힘껏 짜내고, 벌건 아픔이 회복될 때까지 기다리는 시간

더디다 점점 더,

상처 낫는 것이 더디고, 소화되는 것이 더디고, 목적지에 다다르는 것이 더디고, 사람과 친해지는 것이 더디고, 어떤 장소에 익숙해지는 것이 더디고, 목표에 이르는 것이 더디고, 시대에 부응하는 것이 더디고,

슬픈 마음이 회복되는 것, 은
가장 더디다

어떤 때는 싹 잊어야 하는 이유도 알았고, 싹 잊는 방법도 알았는데, 도무지 싹, 이라는 글자 하나가 점점 더 마음 깊이 이해되지 않게 되었다

결국에는 잊어버리거나, 그래서 회복되었다 해도, 그 시간은 참으로 더디게 도착한다

어쩔 수 없는 일이다 몸이 회복하는 능력을 잃는 것을 숙명으로 받아들여야 하는 것과 같은 일이다 더디면 더딘 대로 내버려두면 그만이기도 하다 마음이 그렇게 하겠다는 것을 어떻게든 반대하고 보는 것은 나를 기만하는 것으로 느껴진다

젊었을 때는 충분히 할 수 있었던 것들을, 어쩌면 해냈다고 착각한 것들을, 이제 시간에게 맡겨두는 것은 오히려 속 편한 일이다 한 짐 덜어내는 일이다 해야 할 일들이 많았던 때에는 시간조차도 감당할 손이 달렸지만 이제는 넉넉해진 시간에 일거리 하나 던져주면 좋다 할 것이다

찬찬히 주위를 둘러볼 여유가 생기고 나니 방법이 전혀 없는 것도 아니고 말이다 예를 들면 이런 것,

슬픔, 을 흘려버릴 방도

슬픔은 자급자족이다
누구나 슬픔과 맞닥뜨릴 수 있지만
몸집을 불리고 더 크게 자라나게 하는 건,
빼도 박도 못하게 제 것으로 만들고 마는 건,
결국 자신

얼굴을 가만 들여다보다가
슬픔을 버릴 방도를 찾아낸다
푹 숙인 얼굴의 눈동자에서 굴러 나온 눈물이 콧등을 따라 모여
코끝에 겨우 매달려 있다가 툭, 떨어지는 곳에
인중, 슬픔이 고이지 말라고 거기 있다

인중으로
슬픔을 흘려보낸다
슬픔은 고이지 않는다
슬픔에 덤덤해진다

슬픔이 별거 아니라는 거
그걸 명심하면, 덜 상처받고 더 회복될 것이다

탈수, 의 장면을 좋아하는 이유

세탁기가 보이는 곳에 의자를 두고 앉아
책을 읽으며 기다리다가
탈수가 시작되는 그 순간을 정독, 한다

내 몸의 불순물도 몽땅 빠져나갔으면 좋겠지만
대리만족을 느끼는 것으로 충분하다
설거지도 유사한 맥락이라서 요리보다 설거지가 좋듯이
세탁보다 탈수가 좋다
세탁기 위에 놓아둔 플라스틱 세제 통의
절대 쓰러지지 않는 흔들림과
고요와 지루가 지나치게 뒤섞인 공기를
사력을 다해 흐트러뜨리는 모터의 비명이
겨우 몇 분 동안 삶의 희로애락을 잊게 한다

슬프다는 기분이 재빨리 사라지지 않을 때 딱 좋을 방법,
하나씩 만들어 두는 것도 좋겠다
완벽한 슬픔 해독제는 아닐 테지만
그냥 더디게 회복되도록 시간에 맡겨 두다가
가끔 툭, 하고 떠밀어
한 발짝만 앞서게 할 수는 있지 않은가

생각이 많다는 것은 결국, 그렇게 할 마음이 없는 것에 한층 가까운 마음 상태인 것이다

생각들은
마음이 없는 것
그렇게 하지 못하는 것에 대한 수많은 핑계거리, 변명이다

다음
한 걸음을
남겨두고
생각, 이 넘칠 때

변명을 더는 하지 않게 될 때, 마음은 어느새 행동할 것이고 결과를 보여줄 것이다 명쾌하게 그렇다고 해서 생각 많은 내내 자책해야 하냐면, 어차피 현재의 결론들은 하나같이 최종의 미래에 도착하기 위한 과정이므로
조금 느리다고 해서 조금 헤매고 있다고 해서 스스로 핀잔주면 못 쓴다
결국은 미래의 나를 위한 일인데, 열심히 가는 중인 나를 다독이고 격려해야 하지 않겠나

해내는 시점의 미묘한 차이가 있을 뿐
언젠가는 마음이, 몸과 함께
거기에 도착하게 될 것이니까 또,
성과가 또렷하게 보이지 않은 채로
시간이 흐를수록 나를 지지하지 않을
주변의 염려와
그보다 더한 질책이 허다해 질 것이어서,
적은 외부에 이미 충분하니까
나는 생각이 많은 나를,
좀 더디고 게으른 나를,
끝까지 믿고 응원하겠다

조급함은 과거에 두는 게 좋지
현재를 떠밀지 말자
미래는 생각보다 느릿느릿하다니까

단칼에
자를 수 없을 줄 알았던
관계, 와의
이별

가장 두려운 일이다
가장 후회될 일이기도 하다

오랜 시간만큼 차곡차곡 쌓인
전화번호목록의 숫자들을 들여다보다가
외우지도 못하는 사이의 번호
누르지도 않는 사이의 번호
버리기도 모호한 사이의 번호
결국 기계 속에서만 존재하는
사이의 번호들을
왜, 지우지 못하나 생각했다
언젠가는 누르게 되지 않을까
갑자기 필요하게 되지 않을까
막상 없으면 아쉬워하지 않을까
염려되고 미련이 남아
참 오랫동안 수백 개의 관계, 를
정리하지 못했다

찬찬히 다시 들여다보니, 그간 없어진 번호도 있고 바뀐 번호도 있을 것이었다 있어도 소용없는 10자리 혹은 11자리 숫자들이었다

그러고 보니,

어떤 사람과의 관계를 정리하기 위한 방법으로 기계 속 전화번호목록을 들여다보고 있는 현대인인 내가 우습게 느껴진다

아주 오래전에는 어떤 사람을 안다는 것은 그 집 전화번호를 알고, 그 집 주소를 알고, 그 집 위치를 알고, 무엇보다 그 집사람들을 안다는 것이었는데

지금 누구를 알고 있다는 증거는 전화번호 달랑 하나 밖이다

대신, 그와 그 집과 관련된 모든 것을 알 때보다 더 많은 사람을 기계 안에 담을 수 있긴 하다 그 기계로, 원한다면 원하는 얼마간 친분을 유지할 수도 있다 인맥은 엄청나게 넓어지고 깊이는 한없이 얇아졌다

잘 된 일이라는 생각도 든다 깊이 없는 관계의 정리는 쉬우니까 역으로 이미 정리되었을지도 모르는 나를 떠올리면 조금 덜 미안한 생각도 든다
일을 하며 관계를 맺은 사람들이 대부분이다 보니 일을 그만둔 지금에는 혹시나, 하는 마음도 필요없이 관계를 삭제하는 것에 크게 고민하지 않아도 된다
단 몇 시간의 만남으로 주고받은 전화번호의 관계를 삭제하는 것은 훨씬 쉽다
그룹으로 나누어 놓았다면 삭제 버튼을 누르는 것마저 수월하다 물론 같은 그룹 내에서도 꽤 굵직한 끈으로 이어진 관계라면 좀 신중해야겠지만 어쨌든 필드를 떠났다고 이렇게 쉽게 delete 키를 누를 수 있는 결단력, 을 상상하지 못했다

내 마음과 상관없이 저도 모르게 내게서 사라진 사람들에게는 난 모진 사람이겠지만 어쨌든 단칼에 정리할 수 있는 거였구나, 놀라고 만다

이제 수백 개의 별의별 관계로 저장되어 있던 전화번호목록은 단출하기 짝이 없다 4명의 가족과, 5명의 친구와, 10명 남짓의 친척과, 12년의 관계 속에서 저장된 번호지만 차마 지우지 못한 또 12명 남짓의 사람들, 이
처음 핸드폰을 샀던 때의 말끔한 메모리 상태처럼 깨끗하게 정리되어 있다
나의 관계라는 것이 이렇게 얕고 빈약했나, 에 대한 반성과 그나마 보존된 관계에 충실하지 못한 나, 에 대한 반성은 별도로 두고

불가능할 것 같았던 연인과의 이별이 가능한 것처럼 이별이란 것이 일방적이어도 가능은 하다
내가 너를 잡지 않으면 너도 나를 잡지 않는 것이 딱하지만 인간의 관계, 라는 것이다

어쩌면 극단적으로는, 남아 있는 몇십 명의 관계와도 생전에 이별하게 될 수도 있다
비극적인 그때 마지막까지 이별이 가장 힘든 건 4명의 전화번호일 것이다 가족, 으로 분류된 그룹에 저장되어 있는
그러다가 나의 의지와는 관계없이 그중 누군가와도 이별을 하게 될 것이다
단칼이 아니어도 결국 시간이, 남겨놓을 것과 그렇지 않을 것을 갈라놓을 것이다

그래서 시간이 알아서 해 줄 것을 좀 무모했나 싶기도 하지만
버리고 정리하는 과정에서 행복을 느끼는 중, 에 있는 나는 관계의 정리도 필요하다고, 그러니 잘 했다고 격려하기로 한다

아이, 의 유치함과
어른, 의 유치함

같은 모양이지만
가져도 좋을 것과 버려야 할 것이다

아이는 아무것도 몰라서 순수하게 유치하다
어른은 아는 것이 많아서 계산적이 되니까 유치하다 유치하지 않으려고 하지만 머릿속에서는 계산이 멈춰지지 않는다 일찍이 성자가 되지 못한 어른들은 어쩔 수 없이 유치하다 인정하고 싶지 않지만 유치하다는 것도 잘 알아서 인정할 수밖에 없다 아는 게 많은 건 그래서, 언제나 감사한 달란트가 아니다
삶이 예민했던 때에는 마음의 폭도 좁아져서
개선의 여지도 없는 유치한 어른이었다 삶이 여유로워지면 열 평짜리 마음이 만 평 정도는 커질 줄 알았는데 불경을 외우지 않고 성경을 탐독하지 않고 요가수양을 게을리해서인지 마음은, 다섯 평도 늘지 않은 것 같다
이렇게 쉽게 성인(聖人)이 될 수 있을 것 같았으면 하긴, 인간을 인간이라 하지 않겠지만 앞으로도 유치한 짓을 하루에 한 번은 하게

될 것 같아 걱정이다
하루에 한 번에서 일주일에 세 번 정도로, 한 달에 다섯 번 정도로, 일 년에 열두 번 정도로, 줄이기 위해 노력하겠다는 것은 큰 목표다

곧바로 성과를 입증할 수 없는
느린 성공담, 이 될 것이다

유치하지 않다는 사람은 못 미덥다 평생에 유치하게 군 적이 없다는 말은 거짓말이다 만약 그런 사람이 있다면 두려워서 나는 상종하지 못할 것 같다
사람이면 유치해야 맞이라는 생각이 유효하기 때문이다 더없이 인간적이기 때문이다
나의 유치함을 일반화시키기 위해서라고 비난하면 인정한다 어쨌든, 아무것도 모르던 순수한 시절로 회귀하는 것은 불가능하니까
알만한 건 다 아는 유치한 어른 주제에 사람 마음에 상처 주는 유치한 짓만은 내치고 또 내쳐야 하는 것을, 꼭 명심하겠다

혼자, 여야 하는
사람의 상념

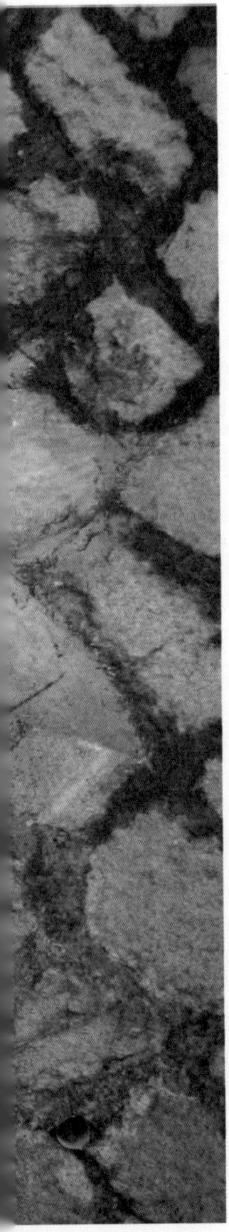

둘 이상이어야 반드시 행복한 것은 아니다
본디 그러라고 태어난 사람은 아닌데,
어느새 혼자인 사람
덜 고독한 사람
덜 외로운 사람
덜 심심한 사람
더 홀가분한 사람
더 자유로운 사람
더 편안한 사람

그들은 그냥 혼자여도 좋다 하지만 대부분의 것이 그렇듯 반드시, 라는 건 아니다 반드시, 는 자신에게만 허용되는 부사다 그러므로 혼자서 어떻게, 라고 걱정하는 당신도 반드시, 그들이 잘 지내지 못할 거라고 단언하지 않아야 한다

혼자, 일 때 유념하면 좋을 것이 있다 규칙에 의해 고정된 시선으로부터 자유로울 수 있어야 한다 대부분 둘이서 하는 것을 혼자서도 당당히 할 수 있는 대범함도 포함된다
중요하다 여겼던 것이지만 상황에 따라 충분히 순위 밖에 둘 수 있어야 한다 고집스럽게 움켜잡고 있으려고만 하지 않아야 한다
혼자서도 잘 지내는 것은 가장 중요하다 혼자라고 해서 무엇하나 소홀하거나 방만하거나 생략하지 않아야 한다 먹고 자고 싸는 것

도 그렇고 문화를 누리는 것도 계획적으로 생활하는 것도 그렇다

몸도 정신도 나태해지거나 흐트러지면 안 된다 물론 혼자이기 때문에 나태하게 굴 수 있는 여유를 일절 누리지 말자는 것은 아니고, 그것이 앞으로의 평생의 삶의 형태가 되어서는 안 된다는 것이다 혼자일 때 스스로 부추겼던 생각들이다

하지만 혼자도, 생각도,
반드시, 에 가둬두지 않겠다
왜냐면,

영원히, 라고 규정짓는 혼자는 아니다 태어나서 죽을 때까지 나는 혼자이겠다, 고 다짐한들 아무리 견고한 결심이라도 한순간에 무너질 수 있는 게 사람이다 특히 사랑, 이라는 무차별적인 공격 앞에서는 더욱 그렇다 사랑이 아니라도, 자연에 의해서든 사람에 의해서든 신이 아니고서야 예측할 수 없는 불특정하고 무분별하게 가해지는 재앙 재난 시련 앞에서 누군가를 혼자 둘 수 없거나 나 혼자인 것이 불가능한 상황이 생기면 그렇다 그런 예고되지 않은 범주를 제외하고 능동적으로, 혼자의 삶을 꾸릴 수 있다고 하면 당분간은 혼자여도 좋겠다

나의 경우에는 혼자 있는 게 중요했다. 고독은 잎과 빛, 새소리, 꽃, 흐르는 물의 세계에 솔직하고 기쁘게 감응하기 위한 전제 조건이었다.
(메리 올리버 산문집, 완벽한 날들)

비켜나 있는 삶에 대해서 곁눈질하고 귓속말하지 않았으면 좋겠다는 바람
그래야 하는 사람도 있으니까, 라며 꼬이지 않은 마음으로 감쌌으면 좋겠다는 바람

완벽한 날들, 을 꿈꾸는 바람이 오히려 가까운 이들에게 간절해지는 것은 혼자, 인 사람들의 고역이다 그런데 굳이 바라지 않고 설득하려고 애쓸 필요도 없다는 걸 알게 되니 완벽한 날들이 가까워진다 내 것이 되려고 한다

하고 싶은 것, 을
떠나보내고
할 수 있는 것, 을
남겨두기

하고 싶은 것을 하기 위해 떠나왔지만 덩치가 큰 선택 아래에 놓인 왜소한 선택들, 최상위 선택의 향후를 결정지을 사소하지만 중요한 고민, 그것 중에서 놓아야 할 것과 두어야 할 것이 생기고 만다 대의를 위해 희생해야 할 것, 은 사회에서 겪는 억울함일 뿐인 줄 알았는데 개인의, 아주 개인적인 삶의, 단 한 사람에 의한 삶의, 문제에서도 결국 맞닥뜨리고 만다
내가 진정으로 하고 싶은 것을 위해 결정해야 할, 하고 싶은 것과 할 수 있는 것 사이를 잘 갈라놓을 수 있는 현명함이 필요한 때가 내 앞에 도착한 것이다

하고 싶지만 필요 없는 것, 지금 중요하지 않은 것도 있고 하고 싶지만 할 수 없는 것, 지금은 어쩔 수 없이 보류해야 하는 것도 있다 그런 하고 싶은 것들은 영원히, 혹은 잠시 작별을 고할 수밖에 없다 지금 꼭 해야할 일은 할 수 있는 것, 들을 잘 추려놓는 일이다

하고 싶은 일과 할 수 있는 일의 목록을 작성한다 목록 안에 분류된 일들은 수시로 자리바꿈을 한다 큰 목표를 위해 달려가는 과정 중에 충분히 있을 수 있는 일이다

사람이 항상 결단력이 있을 수는 없다 필요와 상관없는 바람과, 목표와 다른 무게를 지닌 상상이 이래저래 버거운 현실을 버티게도 해 주었던 것을 알고 있기 때문이다
그런 것들은 차마 영원히 퇴출하지 못하고
기약 없이 다시 조우할 수 있기를, 그러기 위해서 지금은 할 수 있는 일들에 대부분의 마음을 두자고 한다

남은 시간이 많다고 주문을 외워도 지나간 젊고 팔팔한 시간보다 더 열정적일 수도 더 전투적일 수도 없다는 사실을 인정해서, 그래서 좌절하는 게 아니라 그것은 누구나 알게 되는 생의 지극히 사실적인 비밀이라서, 작심해야 하는 어떤 순간에 도착했을 때 아직 뭐든 다 할 수 있다고 몸부림칠 게 아니라 그 에너지를 아껴 더 나은 선택을 위해 덜어낼 줄도, 알아야 할 일이다

그다음에는,
꼭 해야만 하는 일

순서는 언제가 되어도 좋다
자신 있을 때 해도 좋다
어쨌든
그다음에는,
꼭 해야 한다

두려움 비겁함 소심함 자책 연민
살점을 도려내는 듯한 아픔이 있더라도
조금씩 언젠가는 꼭 떼 내야 하는 것들
더불어 정리해 버릴 것들
우울한 얼굴 놀부 심보 하찮은 시기와 질투 쭈글쭈글해진 가슴

데리고 와야 하거나 잃어버렸는데 찾아야 하는 것들
용기 대범함 당당함 자존감 사랑
거기에 미소 나눔 아량 나의 목소리
무엇보다 행복

그래도 꼭
남겨두고 싶은 것, 들

적요한 아침 맑은 새소리가 더한 고독을 부추기는 기분 좋은 아침
대낮의 햇빛이 대놓고 침범하는 큰 창을 가진 방 하나
방대한 책을 언제든지 읽어도 좋다는 인심 좋은 도서관이 가까운 주거지
뽀송뽀송 가볍게 한 몸 덮어주는 섬유유연제 향 가득 밴 폭신한 베개와 포근한 이불
계절별로 입을 유행 타지 않는 한 벌 이상, 아홉 벌 이하의 옷
룰루랄라 산책을 나설 수 있는 플랫슈즈와 하하 호호 여행지를 헤맬 수 있을 발 편한 운동화
무얼 하겠다고 다부지게 결심한 뒤 비장하게 머리를 틀어 올릴 수 있는 튼튼한 머리 고무줄
다용도의 너른 책상, 그 위에 평생 놓여 있어야 할 노트와 펜에 대한 욕심

행여 쌀이 똑 떨어진 어떤 날에도 씁쓸한 구멍을 채워 줄 빵 한 쪽, 쿠키 하나를 포기할 수 없는 미련한 마음
하루 두 잔 정도의 원두커피는 마실 수 있는 여유의 주머니 사정
너는 나를 깜박깜박 잊어도 나는 너를 쭉 잊지 않겠다는 귀한 사람에 대한 애정
마흔, 보다 더 늙어가도 주름지지 않는 소소한 행복을 사랑하는 자세

그리고 꼭 남겨두고 싶은 여러 개의 바람 옆, 에
꼭 남겨두어야 할 것
부모님 살아생전 무엇보다 효도일,
생의 종착지에 무사히 이를 수 있는 축복일,
건강한 몸과 마음

여행, 떠나보기

혼자서 하는 여행다운 첫 여행은, 대학교 4학년 여름방학 학교 도서관에서의 어떤 마음에서 시작되었다 심정이 매우 복잡했고 졸업 후의 미래에 대한 생각 때문이었다
아무것도 준비하지 않은 즉흥여행이었다 학교에서 가장 가까운 시외버스터미널로 향했고 가장 이른 시간의 밀양행 시외버스를 탔다 밀양, 어디라는 목적지가 없었으므로 아무 버스를 탔듯이 종점도 아닌, 아무 곳에서 내렸다

나무그늘과 물소리가 있는 곳이었다 계곡 어느 바위 위에 앉았다 혼자 떠나 온 곳에서 혼자여서 겁이 나지는 않았다
겁은 있었다 겁이 많아서 맞은편 시야에
없던 낯선 어른 남자가 나타나자 자리를 털고 얼른 일어나 버렸다
충분히 길지 않은 시간이었다 여행이라고 대접해 주기에는 부족해 보였다 그래도 여행이었다 처음으로, 낯선 곳으로, 떠났으므로, 나에겐 여행이었다

그때를 계기로 훌쩍, 떠나는 것에 두려움을
한 움큼쯤은 덜어낼 수 있었다고 생각한다
비행기를 타고 떠나는 여행의 정의에 부합한 여행이든,
미래를 위해 익숙한 곳에서 낯선 곳으로 터를 옮기는
인생의 여정이라는 여행이든,

졸업 후, 이년 여를 더 부산에 머물다가 평생의 배경화면이 될 줄 알았던 부산을 떠나 서울로 갔고
두 번째 시작에서 더 이상의 변심은 없을 줄 성급히 판단했다가 다시 부산으로 돌아와 세 번째 시작하게 될 줄을, 밀양서 돌아오던 청춘은 알지 못했다
다시 돌아온 부산은 기껏 우물 안에서 호기롭게 헤엄

칠 적과는 차원이 달라서 도시의 이름은 분명 같은데 이미 낯선 곳이 되어 있었고 새로이 꾸는 꿈 때문에도 도저히 똑같은 장소가 아니었다
삶터를 옮겨 다니던 그 사이에, 일본의 4개 도시와 유럽의 8개 나라 21개 도시와 베트남의 3개 도시와 홍콩으로 여행을 떠났는데 나고 자란 나라의 도시에서 도시로 이동하는 것, 이루고 쌓은 것을 허물고 다시 이루고 쌓아가는 것, 이
인생에서 어떤 여행보다도 떠난다, 라는 말을 잘 완성시킬 수 없다는 것을, 알게 됐다

그런데도 여전히 진짜 비행기를 타고 여행, 하고 싶은 욕망을 어찌할 수는 없지만 태어나는 순간부터 떠나고 있는 인간인 나에게, 삶이 바로 여행이며 미처 알지 못했던 설레는 시간과 공간들을 향해 늘 떠나고 있음이, 분명해졌다

논픽션,
에피소드의 픽션,
에필로그

오다이바 전철역 지하 미로의 진심

여자는 헤매고 있었지 출입구를 분간할 수 없는 수많은 통로와 최고 레벨의 미로 한가운데서 어지럼증이 나 공기를 마시러 나온 길이 육교 위라니 황당했었지 어쨌든 친절한 현지인 누구라도 지나가길 바랐지 숙소로 돌아가야 할 어둠이었으니까
십 여분이 더 흐른 것 같은데 어떻게 사람 다니라는 육교 위에 한 명도 없는 건지 좌절하고 있는 주인공 앞에는 소설이나 영화가 아니라도 누군가 꼭 나타나긴 하지 키 크고 잘 생긴 청년이 캐리어를 끌고 짐 가방 하나를 더 어깨에 메고 나타난 거지 사실 여자는 그때 청년의 생김을 제대로 보지 못했지 정신을 놓고 있었으니까 그저 동아줄이 나타난 것이 기뻤지
자신 있게 내뱉은 도와달라는 실전 영어 한 줄에 청년은 흔쾌히 친절을 베풀었지 여자는 지하철 개찰구에 금방 당도할 줄 알았기 때문에 멋모르고 고마워했지

그런데 말이야 청년이
당혹스럽게도 유창한 영어문장으로 자꾸 사사로운 질문들을 할 줄 몰랐고
이제 막 시작된 봄 날씨에 땀을 뻘뻘 흘릴 줄 몰랐고
짐 가방 하나를 들어준다는 데 끝까지 거절할 줄 몰랐고
여자는
30여 분을 그렇게 걸어야 지하철 개찰구가 나올 줄도 몰랐고
그걸 아는 청년이 굳이 직접 데려다 준다고 한 이유도 몰랐고
건네받은 엔화 지폐로 역무원에게 직접 표를 끊어주는 친절까지 베풀지도 몰랐고
무엇보다
겨우 아는 아리가또 인사말을 허리 숙이는 한국 인사와 섞어 다섯 번을 꾸벅거리며 고마움을 표하는 여자를 바라보는 청년의 눈빛의 의미를 몰랐고 여자가 쭈뼛거리다가
사라질 때까지 가지 않고 쭈뼛거리며 지켜보는 청년의 마음이 뭔지도 몰랐고
이메일 주소라도 물었어야 하나 고민하다가 내내 짧은 영어로 대화를 제대로 잇지 못한 제 모습이 창피해 인사 말고는 뭘 하지도 못

한 여자 자신의 본심도 몰랐지
길게만 느껴지던 청년의 친절한 시간은 성급히 뒤돌아선 여자의 몇 초에 잠식되어 버렸지

내셔널 갤러리의 집요한 눈빛

미술이라면 제대로 알지도 못하는 주제에 그림 하나하나에 감동해 시선을 뗄 수 없었어 이 그림에서 저 그림으로 쉽게 옮겨가지 못하고 오후의 시간을 몽땅 쓰고 있었어 각자 돌아본 후에 로비에서 만나기로 했던 동행들의 기다림에 대해서는 벌써 잊어버렸어
그러니 더더욱 여자를 쫓던 파란 눈의 오랜 시선을 알 수 없었어 한숨 돌리려고 등받이 없는 의자에 앉았는데 옆자리 인기척이 그제야 느껴졌어 너무 뚫어지게 쳐다보고 있어 깜짝 놀라다 못해 그 당당한 시선이 어이가 없었어
듣기에 좀 더 최적화된 영어의 문장이 천천히 말을 시켰어 다행히 알아듣긴

하겠는데 차 한 잔 마시자는 낯선 남자의 문장은 한국과 다를 바 없었어 한국 남자의 수작은 늘 거절이었지만 여행의 공기가 잠깐 혹하는 마음을 먹게 했어 그래도 결론은 같았어 소심하고 겁이 많고 도전적이지 못한 건 떠나온다고 다르지 않았어 교과서에서 배운 정중한 영어 문장으로 거절의 마음을 대답했어

한 번에 접을 줄 알았는데 그런 건 자존심과 관계없다는 게 파란 눈의 일반적인 생각인지 차 한 잔의 문장은 구구절절 더 길어지고 간절해졌어 이유를 알 수는 없었어 그녀가 알던 사고와는 확연히 다른 마음을 가졌을 파란 눈빛이었어

프랑스에서 온 청년이라는 소개와 계속 지켜보고 있었다는 말과 절대 이상한 마음이 아니라는 어필과 자신의 용기를 잠깐이라도 거둬달라는 부탁과 차마 알아듣지 못한 긴 문장들을 대신하는 반짝반짝 착하게 빛이 나던 파란 눈이 고맙고 미안했어

차마 면전에 마음을 거절할 수 없었어 그제야 생각난 기다리는 동행들을 핑계로 댔어 어림없었어 미안하다는 말과 인사를 수차례 건네는 여자를 붙잡고 놓아주지 않았어 그래서 무서웠냐면 그렇지는 않았는데 그렇다고 결심이 달라지진 않았어

원래 모든 게 쉽지 않은 사람은 쉬운 게 하나도 없어 한 사람의 마음속인데 이 마음이 저 마음과 싸우다가 원래의 마음이 이기는 모자라고 한심한 사람이었어

약속되지 않은 장소에서 세 번 만나기

정말이야 세 번이나 만났다니까 분명히 나와 반대 방향으로 여행하고 있었고 어디로 가는지 알지도 못했는데 말이야 그렇다니까 영국에서 프랑스로 넘어오는 유로 버스에서 만난 두 남학생을 며칠 뒤 스페인으로 가는 기차표를 끊으러 간 프랑스 기차역에서 다시 만나고 한참 여행하다가 오스트리아 어느 도시에 도착했을 때 지나는 골목길에서 또 만났다니까

만날 때마다 얼굴을 알아볼 수 있었던 건 혼자 탔던 버스 가득 흑인들 사이에서 뒷자리의 꼭 닮은 두 낯빛의 친절과 염려가 아주 반가웠고 고마웠거든

얼마나 신기했는지 몰라 그래서 다음에 또 만나면 꼭 밥 한 끼 같이 먹기로 했다니까 아쉽게도 네 번째는 없었지만 말이야

그들과 만날 때마다 옆에 동행만 없었더라면 아이스크림이라도 같이 날름거리면서 신나게 수다 떨면 좋았을 텐데 말이야 그때 그 버스에서의 고맙고 반가운 마음처럼

아마도 띠동갑 여행자의 쫓기듯 안녕

오스트리아의 호수 마을이었다 꼬박 하루를 천국인 줄 착각하다가 현실로 돌아와 다음 도시로 떠나기 위해 배를 기다리고 있었다 배를 기다리는 이른 아침 그곳엔 모르는 남녀가 막 성사된 소개팅처럼 어색하게 서 있었다

분명 나이가 많은 여자는 호기롭게 남자에게 말을 건넸다 한국인 아니냐고 학생으로 보이는 젊은 남자는 여자가 일본인인 줄 알았으므로 한국말에 놀랐다 했다

쌍꺼풀이 없는 길쭉한 눈이 동그래지는 모습이 여자에겐 남동생처럼 귀여웠다 서로 통성명도 호구조사도 하지 않았다 여행지에서는 불필요한 일이라는 생각

이 통했다 배를 타고 나와 나란히 기차에 올랐는데 공교롭게도 다음 이동 도시가 같았다
각자 가진 유레일패스로 좌석 등급이 다른 걸 알게 됐지만 여자는 기꺼이 2등급 좌석에 동석했다 아마도 이때 여자와 남자는 서로 연상과 연하임을 알았을 것이다
숫자에 불과할 나이의 차이를 정확히는 모른 채 두 사람은 같은 국적이라는 이유로나 여행 중이라는 공통의 이유로 또 수다가 꽤 잘 통하는 이유로 금방 친해졌다
그러다 알게 됐는데 여자는 도시에서 1박을 예정했고 남자는 당일여행 후 다른 도시로 이동할 예정이었다 막 도착하게 될 도시는 그만큼 크지 않았다 하지만 기차에서 내렸을 때 여자가 예약해 둔 숙소로 함께 이동하고 있었다 남자가 하루의 일정을 바꾼 것이고 다음 일정을 미룬 것이었다
여전히 서로의 신상에 대해서는 함구한 채 여행 남녀는 하루 종일 함께 도시를 걷고 소나기를 피해 성당에 숨어들고

계단에 앉아 샌드위치를 마주 씹고 똑같은 오르골을 사고 같은 장면의 사진을 찍으며 생경하고 신나는 여행의 기분을 마음껏 즐겼다

그날 밤 숙소에 돌아왔을 때 방에는 또 다른 그룹 여행자들이 있었다 너나 할 것 없이 화통하고 발랄한 세 명의 남녀는 근처 바에서 칵테일 한잔의 수다를 종용했다

둘에서 다섯이 된 여행의 밤은 더 즐거웠다 여자가 밤에 만난 그룹의 남자와 동갑내기라는 건 신나게 떠들다 알게 되었다 반갑다고 손바

닥을 마주 쳤다 그때 여자의 나이를 알게 된 젊은 남자의 표정을 정확하게 알 수 없었다 조명이 어두웠다 비밀스러운 일도 아니었고 별 상관없는 일이므로 여자는 개의치 않았다

다음 날 새벽에 여자가 부스스 잠에서 깨었을 때 자고 있을 줄 알았던 여자에게 쪽지를 남기려던 젊은 남자는 대신 여자의 면전에 인사를 남겼다 여자는 잠이 덜 깨 새벽같이 떠나는 것을 물을 정신이 없었고 사실 물을 이유도 없었다 여차저차 그렇게 두 사람의 둘째 날 일정은 각자의 몫이 됐다

아침이 밝아오고 그제야 여자는 조금 씁쓸했다 젊음에게 무얼 기대하지 않았으므로 상관없다 하면서도 그 역시 무얼 기대한 게 아니었을 텐데 무엇에 그렇게 쫓긴 거였을까 아니면 남자는 무얼 기대해 변경한 일정과 시간이어서 느닷없는 여자의 나이 고백에 배신감을 느꼈을까 모를 일이다
떠날 적에 이메일 주소라도 달라고 하는 남자에게 여자는 주소를 건네줬지만 여행이 끝난 후 기별은 없었으므로 결국 그조차 액션일 뿐이었던 걸 보면 꽤 충격적이었나 보다고 여자는 그렇게 결론 내릴 수밖에 없었다

야간열차 안에서의 잠 못 이루는 밤

자유로운 영혼은 거죽도 감출 수 없나 봐 아니면 울타리 삶엔 유독 잘 보이거나 부러우니까 가질 수 없는 것은 동경하게 되는 거지 동시에 두렵기도 하지 어쨌든 제 삶에선 낯서니까
음악을 한다는 소개가 잘 어울리는 예술가 느낌이 물씬 나는 동갑인 외국인을 만난 건 여행 중엔 처음이라서 신기했지만 경계할 수밖에 없었지 두 달째 여행 중이라는 미국 국적의 하얗고 푸르고 야성적인 그 친구는 형의 아내가 한국인이고 한국 여자와 교제한 적이 있고 한국을 좋아한다며 나의 경계심을 풀려고 무척 노력했으니까

특히 내가 여행 중에 몇 명의 남자와 동행했는지 궁금해 했는데 그냥 만난 한국인 여행자 수에 썸 이상의 뭔가 있었다고 받아들이는 건 문화 차이인가 싶었지만 찝찝했지

공교롭게도 이 모든 대화는 대낮이 아닌 밤의 야간열차 4인실 칸 안에서 오고 갔고 처음에는 그 친구와 나와 뚱뚱하고 부담스러운 털보 아저씨가 함께 탔지만 중간에 그 아저씨는 열차에서 내린 건지 자리를 옮긴 건지 우리 칸에서 아웃 했거든

그러니까 좁은 공간에, 밤에, 열차 안에서 영화처럼 국적이 다른 두 남녀가 마주 앉아 있었던 거지 난 한국에서 수없이 기차를 타봤지만 단 한 번도 젊은 남자와 동석한 적이 없는데 말이야 뭐 동석했어도 내내 입을 앙다물었겠지만 멍석 깔린 적도 없었다는 말 그러니 여행 중의 야간열차 안에서 우리가 마주앉은 그 밤은 영화처럼 좀 두근두근했어

하지만 이미 얘기했듯이 사실이라기보다 말 걸기 레퍼토리 같기만 한 그 친구의 말들에 선뜻 마음을 열 수가 없었어 안 그렇겠냐고 노트북을 꺼내 영화를 보여주겠다며 옆자리로 와 앉는 그 자연스러움을 의심하지 않을 수 있었겠느냐고 자꾸 전 남자친구와의 일들을 물어보는 그 쿨-함은 어떻고 나 역시 쿨-한 척 얘기했지만 지금 생각하면 그 짧은 영어 실력으로 미국인과 그 밤 내내 얘기했다는 것도 믿을 수 없어

어쨌든 난 적당한 때에 치고 빠지기로 결심했지 음악을 한다는 그 친구는 얘기하다 보니 결코 나쁜 아이는 아닌 것 같았지만 그래도 나와는 정서가 맞질 않았으니까 내가 그 친구의 여행 로맨스의 한 페이지에 출연할 수 있을 것 같지도 않고 그래서 영화를 보던 중에 졸린 시늉을 하며 각자의 자리에서 잠을 청하기를 유도했지 어두운 새벽에서 이른 아침으로 가는 시간 동안 깊이 잠든 척을 하느라 용 썼다니까

그러다가 어느새 야간열차 창밖으로 새벽의 밝은 기운이 몰려오는 걸 실눈으로 알았어 밤과 아침의 공기는 왜 그렇게 다른 건지 아침은 심각하게 낯선 공간을 재창조했어 어제와 같은 자리에 앉은 우리는 차마 눈을 마주칠 수가 없어서 서로 피곤한 기색으로 지나치게 짧은 눈인사를 속전속결로 나누고 기차에서 내려 각자 다른 방향을 향해 캐리어를 끌었어 그렇게 끝이 난 야간열차 에피소드는 피곤만 남겼지 잠을 잘 못 잤으니까 다 지나 생각해보니 그런 밤이 있었다는 사실만 닭살의 추억으로 남았어

카메라를 양보한 여행자의 본심

45일 동안의 유럽 여행에선 동갑내기를 세 번 만나고 동갑인 한국인은 두 번째다 그는 홀로 휴가 여행을 떠난 남자친구를 기다리는 오래 사귄 여자 친구가 있는 친구였다 여행 중에 일정이 같으면 어쩔 수 없이 힘이 되는 한국인은 금세 친해진다

프라하에서 만나 체코의 체스키크롬로브까지 동행하고 1박 후 그곳에서 오스트리아로 이동해 빈에서 1박을 하는 2박 3일 동안의 아침부터 밤까지 꽉꽉 채워 두 개 도시를 그 친구와 함께 구석구석 다녔다 그러는 동안 그 친구의 카메라는 임시로 내 소속이었다

유럽 여행에서 카메라가 두 번 말썽을 피웠는데 새로 사 온 카메라가 고장이 나고 임시로 가져온 두 번째 카메라마저 명을 다했을 때 중간에 들른 독일과 종착지였던 오스트리아는 일요일에 상점이 문을 열지 않아 카메라를 사려는 시도마저 물거품이 되어서였다

저도 사진을 남기려고 성능 좋은 카메라를 가져왔을 텐데 여자친구의 하명을 받고 찍는 사진에 사실 저는 취미가 없다며 카메라를 양보한 건 정말 고마운 일이었다 물론 헤어질 때는 사진을 메일로 받기로 하고 카메라를 돌려주었지만 양보한 카메라 못지않게 여행 내내 배려하고 챙겨주는 그 친구가 원래 알던 친구처럼 편하고 고마웠다 만약에 여자 친구가 있다고 말하지 않았으면 친절의 본심을 가늠할 수 없어서 그처럼 편하게 다니지 못했을지도 모르겠다

네 여자친구 대하듯 앙탈을 다 받아주어 고마웠다

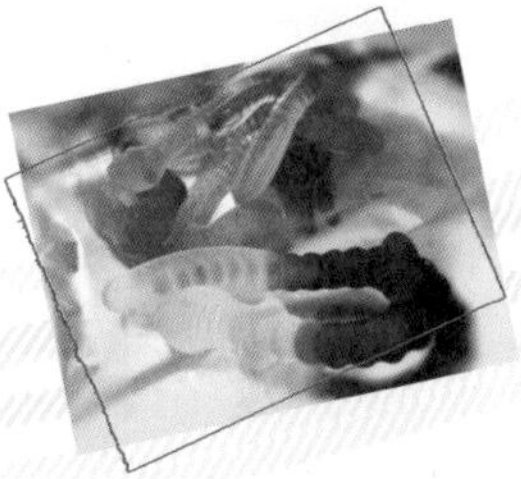

대체 아저씨는 나에게 무얼 원하는 건가요 처음 본 젊은 동양인 여자에게 그렇게 금세 사랑의 씨앗이 꽃을 피울 수 있는 건가요 이탈리아 남자들이 아무리 사랑둥이라지만요 이탈리아 남자들이 동양 여자한테 맥을 못 춘다는 말을 몸소 경험하게 될 줄 몰랐네요

기차역 의자에 앉아있는 내 옆에 바짝 붙어 뜬금없이 아저씨랑 같이 살자니요 한국으로 돌아가지 말라니요 부모님한테 허락받고 다시 돌아오기라도 하라니요

이 기차역에서 기차는 타야겠는데 기차가 올 때까지는 한참 남았는데 옆에 앉은 외국인 여자도 혀를 끌끌 차는데 왜 그렇게 집요하게 같이 살자고 떼를 쓰시는 건가요

아저씨가 잠시 전화를 받는 사이 역사 밖으로 도망을 나왔다가 기차 출발 15분을 남겨두고 역 안으로 돌아왔더니 저를 발견하고 한 달음에 달려와 기다리라니까 어디 갔었냐고 찾아다니느라 혼쭐났다고 혼자의 약속에 원망하는 두 눈엔 어떡하라는 건가요

장작 30분을 내내 온갖 방법을 제시하며 말도 안 되는 떼를 쓰는 아저씨의 진심은 도대체 무엇인가요 함부로 잡은 손을 놓지 않는 당당

함은 어디서 났나요
타야 하는 기차의 플랫폼이 바뀐 것을 알려주셔서 기차를 놓치지 않게 된 건 감사해요 하지만 기차를 타는 곳까지 따라오며 잡은 손목을 놓아주지 않는 아저씨는 좀 무서웠어요 타야할 기차의 칸 계단에 오르는 순간까지도 손목을 붙잡고 가지 말라시는 데 대단하셨어요
결국 갈 거라면 키스를 해 주면 놓아주겠다는 황당한 협상에는 학을 떼고 말았고요 기차는 곧 떠날 텐데 더는 실랑이를 할 수는 없어서 티격태격 연인처럼 합의를 봤지요 저에게 이마키스 아저씨에게 볼키스로 이별하는 것으로요 사귄 적도 없는 생전 처음의 낯짝에 내 입술을 갖다 대게 될 줄은 그 나이 먹도록 상상을 하지 못했는데 참으로 생소한 경험을 추억으로 남겨 주셨어요 결국 짧게 만나 잘 이별했으니 다행이고요 부디 원하는 여자 만나 잘 살고 계셨으면 해요

모든 에피소드의 이런 에필로그

상황이 다른 모든 논픽션의 에피소드가 지향하는 픽션의 에필로그가 민망하게도 같다
그들 모두와 잠깐의 인연을 맺었다면 이 이야기는 어떻게 마무리되었을까, 라는 상상에서 비롯된 에필로그이기 때문이다
단순하게도 여행에서의 만남을 떠올렸을 때 조금씩 다른 아쉬움

이 다음 그림을 스케치한다
그래서 종종 현실(논픽션)로 시작된 이야기를 소설(픽션)로 마무리 지어 볼까 구상하곤 했다
그때마다 알게 된 것,
전개되는 모양새는 다른데, 어쨌든 결론은 호기심이거나, 우정이거나, 욕정이거나, 사랑이거나,
호기롭지 못해서 순간으로 끝나고 만 인연을 연장해 보는 것, 그것을 삶으로 재구성하는 것
배신과 금기와 막장이 난무하기도 하는,

아무래도,
애정에 굶주린 게 맞다

여행과 일상 사이,
떠남과 머묾 사이

산책, 을 나섰다가 여행, 을 하고 돌아왔다

햇빛이 절정이고 길게 뻗은 나무의 길을 걸을 때 눈을 감고 두려움 없이 전진하면 나를 향해 쉼 없이 터지는 햇빛 플래시 세례를 받게 된다 나뭇잎 사이로 나타났다 사라지는 햇빛의 숨바꼭질 탓이다 유명인사가 된 듯 착각에 빠졌다가 눈을 뜨려고 하면 세상은 온통 주홍빛으로 홍조를 띠고 있다 부끄러운 탓이다

곡식이 잘 익으라고 어느 때보다 뜨겁고 바싹 마른 가을 햇살의 오후에 나무 사이를 지나가면 강렬한 태양이 태운 나무 그을린 냄새를 맡을 수 있다 향기가 아니라 냄새다 정겹고 그리운 냄새다 할머니의 시골집 아궁이에서 맡았던 간절히 보고 싶은 냄새다

제일 경외하는 꽃은 백합이고요 이상하게 슬픔이 차오르는 꽃은 안개꽃이고요 시시때때로 마음을 빼앗기는 꽃은 들꽃이지요 계절마다 제가 가진 꽃잎 수대로 빠짐없이 활짝 피우는 꽃들을 발견하면 나도 모르게 꽃을 향한 마음을 유치한 문장을 지어 고백하게 된다

+

먼 나라로 여행을 떠났다가 돌아오면 다시 떠나고 싶은데 그럴 수 없는 현실에 마음이 곪다가 고름이 터진다 한 번 여행의 맛을 보고 나면 그 맛을 잊지 못해 사는 맛을 잃는다 그러다가 알게 된다 다른 시선으로 주위를 둘러보면 여행에서의 설레는 그 느낌이 고스란히 차오르는 것을,
시선의 문제는 마음의 문제다 사소한 풍경에 동요하는 마음이 열리면 눈여겨보지 않던 것들이 숨김없이 매력을 보여준다 일상의 모든 사물과 장소와 시간이 여행의 여정이 되기 시작한다

떠나는 것이 여행이고 머무는 것이 일상이라고 요지부동했던 생각이 허물어지고 여행과 일상 사이, 떠남과 머묾 사이, 가 소리 없이 서로에게 스며든다
일방통행이 된다

너에게,
말을 걸게

주변으로 시선 돌리기

동네 맛있는 빵집 찾아 목록 작성하기
솜씨 좋은 카페 단골 만들기
숨은 맛집 꼭 한 번은 가보기
나만의 우리 동네 지도 만들기
인근 숲과 공원 찾아 산책로 확보하기
도보 1시간 정도의 거리는 천천히 둘러보며 왕복 걸어 다니기
자전거로 좀 더 멀리 다녀보기
종종 마주치는 얼굴 익은 동네 사람에게 눈인사 건네기
사방으로 뻗은 모든 골목 다녀보기 같은 곳을
내일은 다른 골목길로 가보기
마트 대신 종종 재래시장 장보기
온라인 아이쇼핑보다 오프라인 아이쇼핑 즐기기
혼자 느긋하게 조조할인 영화 보러 가기
아빠 엄마랑 주운 편백 열매로 건강한 베개 만들기
봄과 가을에는 어디든 국내여행 떠나기 대한민국 구석구석 즐기기

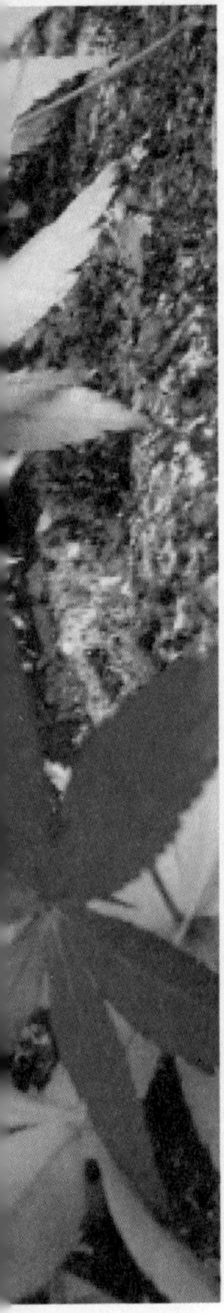

보지 못하던 것들을 보기

길가 화단에 핀 들꽃 이름 알기

가로수 길 나무들의 정체 파악하기

파도에 예쁘게 깎인 돌멩이 모래사장에서 발견하기

꽃잎에 맺힌 아침이슬 들여다보기

벽에 새겨진 낯선 그림과 낙서 사진 찍기

네 가지 각도의 장소에서 새벽 아침 한낮 저녁 밤에 대교 조망하기

시시각각 다른 하늘 수시로 올려다보기

계절마다 달라지는 나무 한 그루의 변신술 관찰하기

통유리 창 앞으로 지나가는 사람들 표정 따라 하기

창밖 이웃집 담벼락 위에 앉은 작은 새와 눈 맞추기

남의 집 지붕 위에서 늘어지게 하품하는 고양이 구경하기

만드느라 바빠서 보지는 못 했던 TV 프로그램 다 챙겨보며 깔깔대기

물에 적신 솔방울이 오므라들었다가 마르면서

활짝 피는 것을 신기해하기

엄마의 화분마다 계절별로 달리 맺히는

꽃봉오리 피어나면 향기 맡기

사소한 것에 행복해지기

오후의 커피 한 잔
어떤 이들의 업무시간에 한가로운 라디오 타임
햇빛 조명 아래서 엎드려 책 읽기
이른 아침 세수만 하고
시간 맞춰 막 나온 바게트 사러 갔다 오기
늦은 아침 레스토랑 브런치 그럴듯하게 흉내 내기
맛은 보장되지 않는 창조적인 요리 만들기
탁상시계 초심 움직이는 소리에 리듬 타기
운동장에서 뛰어노는 아이들 떠드는
멀고 나른한 소리 들으며 낮잠 자기
하루에 한 번 20분 이상 광합성 하기
비 오는 날에 젖을 기미 없는 바다 보러 가기
화분에 심은 씨앗 새잎 올라오는 것에 감탄하기
마을버스로 구석구석 동네 구경하기
텅 빈 버스 타고 가 아무데나 내리기
내가 사는 도시 타지인 관광객처럼 구경 다니기
햇살 좋은 날 설렁설렁 걷다가
미술관 박물관에 들어가기
연락처 정리하기 핸드폰에 덜 집착하기
그 시간에 아날로그 취미 갖기

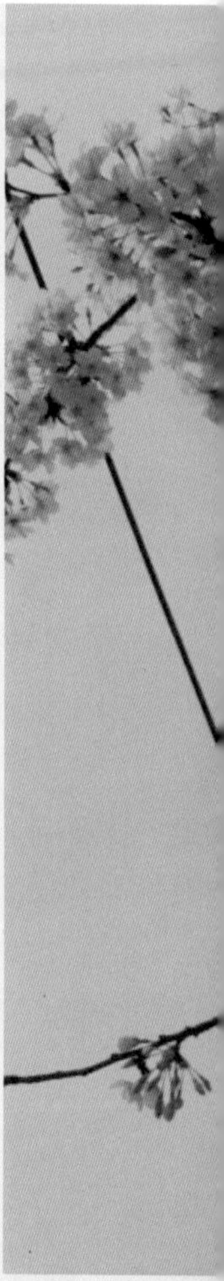

계절별 산에 올라
온 몸에 계절 물들기 나무 냄새에 취하기
명을 다한 물건 필요 없는
물건 미련 없이 이별하기
최소한의 살림 이상 불리지 않기
아주 오랜만의 쇼핑에 세 배로 좋아하기
감정 과잉되지 않게 울고 싶을 때 실컷 울기
슬픈 프로그램 보면서 궁상떨기
사탕 초콜릿 젤리 쿠키로 달달 지수 올리기
리빙 건축 트렌드 스크랩하며
4년 전부터 구상 중인 미래의 집 설계하기
봄에는 벚나무 사이 올려다보며 걷기
꽃잎 책갈피 만들기
여름에는 바닷가 대나무 파라솔 밑에서
파도 소리 들으며 독서하기
가을에는 바닥에 떨어진 낙엽 밟기
단풍 든 나뭇잎 책갈피 만들기
겨울에는 눈이 오길 손꼽아 기다려보기

새벽에서 아침으로,
떠나는 시간

깼지만,

몸을 일으켜 깨우지 않고 곧 밝아오려는 아침으로 향하는 빛과
청초한 하루의 첫 목소리로 노래하는 새소리에 감각을 몰두한다
새벽, 의 질감이 보드랍다 빛으로 가득 채워지기 전의, 흐린 날의
잿빛과 다른 은회색 공기의 촉감이 폭신폭신하다

그것은 낯선 도시 여행지의 새벽에서 느끼던 것이다 이른 새벽에
깨어나는 법이 없던 일상의 침대 위에서는 알지 못하던 느낌이다
남들 출근하는 새벽녘에 퇴근해 집으로 돌아오던 일이 잦았지만
그러니까 새벽에 온전한 정신은 아니어도 깨어 있던 적이 많았지만
미처 알지 못했던 메마른 시절과 완벽하게 다른, 새벽이다
일어나라고 몇 번을 깨워도 눈 뜨는 게 그렇게 어려웠던
학창시절의 늦잠 지각으로도 알 길 없었던 차원이 다른, 새벽이다

이제 억지로 깨우지 않아도 하루하루가 충분히 회복되어서 새벽에
능동적으로 잠에서 깨어나는 횟수가 는다 정신이 마모되고 몸이
소모되던 때에는 있을 수 없는 일이다

날마다 사는 한결같은 공간에서 수면의 끝을 조금만 앞당기면 오감이 제 모든 기능을 발휘한 적 없던 어떤 시간, 으로 여행할 수 있다는 걸 이렇게 깨닫는다

자정을 넘긴 밤과 다르지 않은 새벽이 아니다 해 질 녘의 빛이 사라지는 진회색의 빛깔도 아니다 이름은 자정을 넘어간 새벽과 같고 빛깔은 해 질 녘의 힘을 잃은 해의 마지막 기운이 내뿜는 그것과 비슷하지만, 다르다 곧 해가 뜨겠다고 하기 전의 그때, 곧 사람들이 깨어날 거라고 하기 전의 그때, 그 새벽에서 아침으로 가는 시간에 혼자 떠나 온 느낌이 좋다

결단코 이른 아침과 다른 새벽, 우연히 깨어 필연적으로 발견하게 되는 그 순간은 종종 축복이지만 생각해보면 사는 동안 그리 자주 겪을 수 있지도 않아서 일상이기보다 여행, 인 것만 같다

잊었던 꿈이 스며든 골목에서, 골목으로

골목을 사랑하게 된 것은 어쩌면 당연한 일, 운명 같은 일이랄 수도 있다 골목에서 자랐고 골목에서 꿈꿨고 골목에서 행복했기 때문이다

어린아이의 눈에 골목은 보물이 숨겨져 있는 미로였지 삶을 미궁에 빠뜨리는 미로가 아니었다 세상의 전부 같았던 너르고 끝이 없는 골목에서 골목으로, 만나고 뛰어다니고 깔깔거리고 울음을 터뜨리고 싸우고 화해하고 우르르 몰려다니고 혼이 나고 똥을 밟고 화를 내고 새 친구를 만나고 오랜 친구와 헤어지고 동네 오빠 앞에서 얼굴이 붉어지고 친구와 더 가까운 사이를 질투하고 이웃집 할머니를 좋아하고 건넛집 아저씨를 싫어하고 먹을 것을 나누고 험담을 나누고 비밀을 엿듣고 소문이 퍼지고 삶의 희로애락이 뒹굴어 다녔던 골목에서 벗보르고 행복했었다

몸도 자라고 마음도 자라고 욕심도 자라고 꿈도 자라더니 그렇게 넓고 복잡했던 골목을 들어서자 걸리버가 된 것 같은 이질감, 그때를 생각하면 그저 섭섭하기만 하다 그때의 행복을 다시 찾을 수가 없어서 지금의 행복은 그때의 행복과 같지 않아서 그럼에도, 자꾸만 골목을 찾아 들어선다

골목 깊숙이에서 비밀스러워지고 고독해지고 모험심이 생기고 설렘 에너지가 충전되고, 주위를 둘러보면 고층 빌딩밖에 보이지 않는 딱딱한 도시의 죽뻗은 대로에 덩그러니 서 있을 때는 느낄 수 없던 포근하고 따뜻하고 꽉 차오르는 느낌

이사를 하고 나면 다음 날부터 동네 골목 순방에 나선

다 그래야만 그 동네에 빨리 마음을 붙이고 정을 붙이고 낯가림을 극복할 수 있어서이다

골목을 찾아야만 하는 병은 낯선 여행지에서도 호전되지 않는다 관광 지도에도 도시 안내책자에도 없는 길을 찾아 들어섰을 때 두려움이 없는 건 아니지만 두려움에 내딛던 첫 발짝 두 발짝 세 발짝의 느린 박자는 곧, 발랄하고 힘이 넘친다

부산에서 살다가 부산을 떠났다가 부산으로 돌아왔을 때 어릴 적 활보하던 동네의 골목과 옛집과 학교를 찾아 나섰다가 그래, 그때는 오히려 때묻지 않은 꿈의 빛깔이 참 순수하고 깨끗했지, 그랬다

그럴 리가 없는데도 터무니없이 작아져 버린 골목 속에 주저앉아 새로 바른 시멘트 바닥과 콘크리트 벽 안에 조용히 묻혀 있을지 모를 어릴 적 꿈을 다시 찾을 수 있을까 싶어 한참을 들여다보았다

빌라, 맨션, 아파트가 큰 대로변에 교통편 좋고 학교가 인접한 요지에 지어졌다는 광고로 사람들이 빽빽한 그곳에 모여들어 살기 시작했을 때 주변 기류에 편승해 역시 이사를 갔던 우리 가족이, 이사를 하기 전까지 살던, 골목 속 골목의 이층집

우리 집이 아니고 일층 주인집에 세 들어 살았지만 그런 사정 알 바 없는 아이는 아마도 그때가 가장 행복했었지 않나 추억한다

골목은 여전히, 꿈꾸기에 황망하게 크고 넓지 않아 무얼 해 볼 수 있는 용기가 나는 장소다 꿈과 행복에 대한 오래 전의 마음을 끄집어낼 수 있게 격려하는 장소다 도시에 최적화된 어른이 아닌 몸이 작고 꿈은 크던 소녀로 돌아가는 마법의 장소다 처음 들어설 땐 낯설지만 어느새 내가 알던 골목과 닮아 점점 설레는 장소다 앞으로도 변함없이 찾아 들어가 안기고 싶은 사랑스러운 장소다

골목은, 꿈이 나를 잊지 않았다며, 세월을 먹고 자란 소녀를 여전히
예쁘게 쓰다듬어 주는 곳이다

오늘, 이
가장 중요하기
느려도, 괜찮기

내 생각으로 주문을 거는 주관적인 합리화는 핑계 같지만 책 속의 문장으로 동의를 얻는 객관적인 합리화는 명답 같아서, 상사나 애인의 다그침에 센스 넘치게 대처했을 때의 뿌듯함과 안도가 있다

마냐나 신드롬(Ultimate Manǎna Syndrome)
해석하면 내일은 꼭, 증후군 쯤 되는 것이다. 그러나 내일은 오지 않는다. 오로지 오늘만 있을 뿐이다.
(조슈아, 라이언, 두 남자의 미니멀 라이프)

내일이나, 내일보다 더 멀리 있는 내일의 내일 때문에, 오늘 내가 원하는 것을 포기해 버리는 때가 많다 미래를 준비하는 것은 너무나도 당연한 일이라고 세뇌 당한 시절의 사람들은 내일 당장 나에게 무슨 일이 일어날 거란 생각은 미처 하지 못한 채 준비하지 못한 먼 내일에 대한 걱정으로 하루를 꼬박 채우며 산다

내일 무슨 일이 일어나보지 않은 그런 사람들에게는 말로 어떤 협박을 하더라도 그 단호한 마음이 쉽게 동하는 법이 없다 결국 무슨 일을 당해봐야 그래, 내일 내가 어떻게 될지도 모르는데 오늘 행복을 포기하고 살 수는 없어, 라는 생각을 한 번쯤은 하게 된다

너무도 건강했기 때문에 병에 걸릴 줄 몰랐던 사람이나, 아무 잘못한 게 없는데 생전 모르는 사람에게 해고지당한 사람이나, 그렇게 조심했는데도 불의의 사고를 당한 사람이나, 믿는 도끼에 발등 찍혀 거짓말이나 사기에 놀아난 사람이나, 내가 아니라도 한참 가까운 사람에게 날벼락 떨어지는 일이 생겼던 사람처럼 내가 그런 사람이 아니라면 바뀌지 않았을 마음은 그런 사람이 되어서야 아차, 하는 것이다

평범하고 평탄하게 살아왔다고 자부하던 내 삶에도 계획하지 않았던 일이 일어난 것처럼 아마도 나 또한, 단순한 삶이 반복되었다면 새로운 선택에 대해 지금보다 주저했거나 늦어졌을지도 모르겠다

삶을 살아가는 일인의 방식과 그에 대한 책임은 결국 그 일인의 몫인데 오늘에 충실하자는 방식으로 결정했다면 내일은 꼭, 증후군 따위는 빨리 치료하는 게 옳다

오로지 오늘만 있다는 말이 극단적으로 여겨질 수 있지만 내일도 오늘이 되고 모레도 오늘이 되기에 결국 하루하루를 열심히 살자

는 의미이므로 그 결심이 얼마나 멋진지, 나는 공감의 좋아요, 를 수백 번 누를 준비가 되어 있다

그리고 지금 내가 선택한 삶의 방식을 걱정하고 있을 모든 이에게 들려주고 싶은 참 고마운 변명, 을 또 대신해 주는 문장이 있다

누군가 동료들과 보조를 맞추지 않는 사람이 있다면 그는 아마 그들과는 다른 북소리를 듣고 있기 때문일 것이다 그 사람 자신이 듣는 음악소리에 맞춰 걸어가도록 내버려 두라. 그가 남과 보조를 맞추기 위해 자신의 봄을 여름으로 바꾸어야 한다는 말인가
(헨리 데이비드 소로우, 월든)

하루하루를 꽉꽉 채워 24시간을 48시간처럼 사는 사람들, 그 정도는 아니라도 나 또한 24시간 중 깨어있는 16시간은 충실하려고 애를 썼다 문제는 무엇에 충실할 것이냐, 였다

내가, 주체이고 애를 썼다, 가 행위인데 나는 시간, 이라는 수단으로 무엇, 을 목적 삼고 그 행위를 했던 것일까 주체인 내가 그것을 주체적으로 결정한 것일까 내가 결정한 것이 맞다 분명히 맞는데 끌고 가려던 것에 끌려가고 있더라는 것이다 어느 사이에 객체가 되었고 주객전도가 되었더란 말이다

나를 위한 연주곡은 저기로 멀어지고 있고, 나만 들리지 않고 모두가 경청하는 음악 소리에 모두가 발맞춰가는 행진의 꼬리에서 휘청휘청 어쩔 줄을 모르고 있더란 말이다

나에게는 빠르고 버거운 박자와 리듬 위에서 버둥거릴 필요가 있을까 삶도 음악처럼 장르가 다양한데 더 많은 사람이 좋아하는 장르만을 따를 필요가 있을까 어느 날 그런 고민을 하게 되었다면,

그 사람은 자신의 삶이 자정작용을 통해 일시 정지 버튼을 누른 것이다 그럴 때는 쉬어 가야지 모른 척하면 안 되는 거다
나 또한 여러 번 제동이 걸리고서야 결국 삶에 대해 중간 점검을 하지 않을 수 없었다 잘한 일이었다 선택의 이면에는 포기가 존재하지만 그건 말 그대로 이면, 이다 선택하지 않은 이면의 것은 생각할 필요가 없다 두 가지 삶을 동시에 살도록 설계되지 않은 인생을 두고 하는 쓸데없는 낭비다

커다란 우주의 시곗바늘로는 같은 초, 분, 시를 사는 나와 당신 그런데, 촘촘히 개개의 삶을 들여다보니 똑같은 속도로 살고 있지도 않고 나아가는 방향이 같지도 않고 동시절의 사계절을 모두가 다르게 느끼고 그래서, 나와 당신의 삶의 아귀는 하나도 맞지 않는다

그런데도 우주의 시곗바늘이 한 번 움직였을 때 거기에 모두가 있다 그러므로, 분명 우주의 찰나인데 현미경으로 들여다보면 길고 긴 우주의 시간과 시간 사이, 그 사이를 어떤 방법으로 얼마만큼 행복하게 이동할 것인가에 목적을 두어야 한다

그래야 한다고 문득 생각하게 되어서, 나는, 지금 조금 느리다고 안절부절 하지 않고 내 모든 근육과 혈관을 이완시켜 어처구니없을 정도로 늘어져 살기로 한다 나의 봄을 충분히 만끽하려고 한다 벌써 여름으로 떠난 이들에게 조바심을 느끼지 않으려고 한다

아무것도
실패하지 않은 내일, 이라는
오늘을
또 잘 살기

오늘을 오늘답게, 후회도 미련도 없이 잘 살았다면 다시 오늘을 잘 살자 내일이라 불리는 오늘을 잘 살자, 고 유쾌한 다짐을 할 때 빨강 머리 앤의 동의를 구하는 질문은 듣기만 해도 청량하다

> 내일이 아직 무엇 하나 실패하지 않은
> 새로운 날이라고 생각하면 기쁘지 않아?
> (빨강머리 앤)

오늘, 내가 그리고 싶은 그림만 마구 그렸는데 지울 수도 고칠 수도 없는 그림이라고 걱정할 필요가 없다고 한다
오늘을 열심히 살았지만 항상 아쉬워할 수밖에 없는 미련한 사람이라서 마음에 쏙 드는 완벽한 그림을 그리는 날이란 없는데도 내일 또, 아무것도 시도하지 않아서 어떤 실수의 점 하나 없는 새하얀 도화지를 준다고 한다
그렇게 생각하면 하루하루가 얼마나 새롭고 신나고 설렐까

오늘의 판단 실수나 그로 인한 실수를 내일로 가지고 갈 필요는 없다 잘 잊어버리는 것은 불편, 하지만 잘 잊지 못하는 것은 불행, 하다 오늘의 문제는 오늘이 끝날 때 폐기해도 된다
내일로 가져가 오늘의 몫까지 두 배나 그 이상으로 기쁘게 마무리할 수 있을 일이면 괜찮고, 그렇지 않은 일이면 머릿속에도 마음속에도 남겨 둘 필요가 없다
항상 뒤끝이 문제다 사람과 사람 사이에서도 뒤끝이 길면 문제가 되듯이 오늘의 나와 내일의 나 사이에도 뒤끝이 길어 좋을 게 없다
말한 대로, 마음먹은 대로, 한 번에 말끔히 잊을 수 있는 내공은 웬만해선 쌓이지 않지만 그렇게 하려고 많이 노력하면 좋을 것이다

오늘, 이라고 지칭하는 날이 끝날 때마다 실패하지 않은 오늘, 이 다시 세팅되는
하루살이의 운명과 비견할 수 없이 수만 개의 오늘이 주어진 축복, 은 얼마나 감사한 일인지 새삼 깨닫자

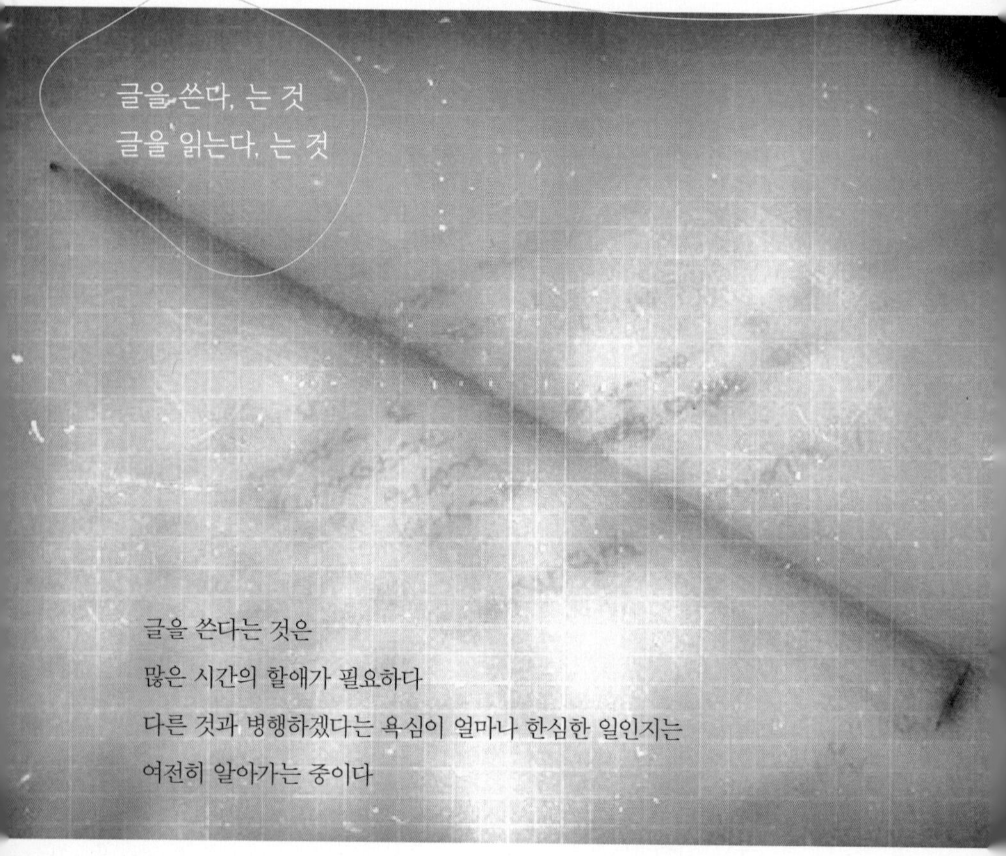

글을 쓴다, 는 것
글을 읽는다, 는 것

글을 쓴다는 것은

많은 시간의 할애가 필요하다

다른 것과 병행하겠다는 욕심이 얼마나 한심한 일인지는

여전히 알아가는 중이다

시간을 좀먹고 생각에 압박당하고 욕망을 희생하고 이전보다 많은 것을 버릴 수 있었을 때, 그래서 결핍되었을 때, 그제야 글자가, 문장이, 눈앞에 떠다니기 시작했다
터덜터덜 걷는 취미가 생기고 꼼짝하지 않고 멍하니 게으름을 피우는 시간이 길어지고 입으로 뱉는 말보다 머리로 뱉는 생각들이 많아졌을 때, 그제야 조금은 쓸 수 있겠구나, 알게 되었다 여전히 충분하지 않고 여전히 갈 길이 멀다는 것도 안다

이 모든 걸 여전히 알던 중, 어느 날이었나 김제동이라는 입담 좋은 방송인이 일반인 방청객과 전문가와 노래 부르는 사람과 함께 진행하는 TV 프로그램을 보다가 마흔 살짜리 사람의 마음에 꽂힌 문장

흔들리지 않고 피어나는 마흔은 없다 (김병수)

하나와,
그 프로그램의 패널로 출연한 정재승이라는 이가 한 연구 자료를 인용하며 얘기한 문장들

시애틀의 한 연구에 따르면 뇌가 가장 정확하게 인지하고 이성적으로 판단하고 현명한 결론을 내리는, 가장 활발한 나이는 46~55세 그러므로 마흔, 을 두려워하지 마라 아직 뇌의 전성기가 오지 않았거나 쉰을 훨씬 넘긴다고 해도 이제 막 전성기를 지났을 뿐이다

뭐, 이런 식의 이야기까지 두 가지를 메모하고 만 일이 있다

이 좁은 방안에서만 / 걸리고 긁히고 넘어져 / 한 달 내내 자리를
옮겨 다니는 피멍

술을 마셨다 / 아무렇지 않았다 / 다음 날에 취한다

눈꺼풀이 여름이다 안대가 겨울이다 / 감춰지지 않는, 반투명,
시스루 / 꽁꽁 싸매고, 비밀스러운, 철저한 어둠

가슴이 붉다 / 부끄러워 붉어지고 / 열정이 흥분이 극에 달아 붉
어지고 / 사랑에 애달아 붉어지고 / 이런 모습이 좋았니 /
착각이지 / 나는 원래 붉은 가슴

홍수 난 거짓말 / 범람하는 진실 / 널브러진 아내 /
밥 달라는 아기 새 / 드러난 영웅의 본색 /
조심해 21세기 바다에 숱한 낚시와 미끼

술 벼락 맞다 / 이별 날벼락은 덤이다

자려고 누웠다가, 밥 먹다가, 멍 때리다가, 세수하다가, 산책하다가, 장을 보다가, 혼자, 슬퍼하다가 기뻐하다가 우울하다가 웃다가 고독하다가 발랄하다가 그냥, 생각나 적어 둔 글들을 나중에 보고 무척이나 부끄러웠지만 부끄러운 내면을 내보이고 평가받고 노력하고 개선하고 그러다 보면, 제 문장에 당당한 때가 오지 않겠나 꽃이 피려면 흔들려야겠고, 이제 막 마흔이 된 나는 아직 전성기가 오지 않았으니 말이다

쓰는 것만큼 읽는 것도 중요해서, 요즘의 나는 열과 성을 다해 글을 읽고 있다 글을 읽는 것에서 얻을 수 있는 것의 양과 질은 개인마다 차이가 있겠지만 읽는 것을 좋아해 늘 읽는 사람이라면, 읽음으로써 읽는 데 할애하는 시간보다 더 많은 것을 얻는다는 데에는 이견이 없을 것이다

어릴 때 무척 많은 책을 읽다가 이 유익한 행위를 잊고 살았던 오랜 핑계의 시간 동안 너무나 많은 글로부터 소외되고 있었다는 것을, 다시 읽기 시작하고서부터야 뼛속 깊이 느끼고 있다 책을 읽는 시간으로도 하루가 부족한 걸 느끼고 있다 꾸준히 책을 읽어왔던 사람들과

좋은 문장을 공유하면서 어느 세월에 부족했던 그 시간을 다 메울 수 있을까, 조급하기도 했다 글을 마음에 담아내는 게 아니라 속독으로 지나치는 습관이 들면서, 바보 같았다

지금은, 읽고 싶은 책들의 목록이 추가되는 것을 관망하면서 아주 천천히 글을 읽고 있다
그러면서 알게 된다 읽는 것은 쓰는 것 쓰는 것은 읽는 것 두 가지 중 하나가 덜 중요하지도 않고 두 가지가 결국 하나라는 것
한참 모자란 꿈을 쓰려면 늘 읽어야 한다는 것 읽으면서 쓰지 않고는 못 배긴다는 것 비로소, 잘 알게 된다

글을 읽는다는 것,

글을 쓴다는 것,

꿈을 잃지 않는다는 것,

늘 부족한 일이고, 그게 삶이다

다른 사람에게
기대, 하는 것이
많을수록

그럴수록 서운하다는 마음, 이 커진다 나는 다른 사람의 기대에 미치고 있는가, 를 먼저 생각하면 덜 서운할 수 있지만
그 사람에게 기대한다는 것은 그런 마음을 품을 만한 관계, 라는 전제가 깔리는 것 같다 예를 들면 혈연(가족)이라는 관계, 우정(친구)이라는 관계

그럴만하니까, 내가 너에게 그 정도 기대를 하면 안 되는 걸까, 질문을 던지고 나와 너 사이에는, 그 정도 기대는 할 만하지, 상대는 모르는 자기 만족적인 결론을 내리고
왜, 자신이 결론 내린 만큼의 기대에 부응하지 못한 상대를 몹쓸 사람으로 만들고 만다 그러니까 기대를 하지 않는 게 좋다, 고 해버리면 그건 또 정서상 우리, 라는 울타리 안에 둘 수 없는 관계가 되어버리는 것 같다 딜레마에 빠지거나, 아이러니하게 되거나, 그래서 항상, 어쩌지 못한다

타인의 기대에 100% 부응하지도 못하는데 기대감을 깡그리 무시하지도 못하며 불편하고 불안한 마음을 옆구리에 낀 채 오래, 살아가게 된다
관계의 어려움에 지쳐 이 지구 위에 나 혼자면 좋겠다, 할 때도 있지만 혼자, 라는 단어로는 애당초에 누구든 사람, 으로 존재할 수 없어서 관계, 란 온전히 끊어낼 수는 없다 특히 가족, 이 더 그렇다

너와 나의 관계가 다른 사람보다 특별하다는 것을 명목으로 기대하는 것이 당연하다는 생각을, 서로가 서로에게서 조금만 놓아버리면 얼마나 좋을까
그런데도 끝내 붙잡게 되는 기대의, 길이와 무게가 조금 다를지라도 그래서 손해 본다는 생각은 하지 않으면 얼마나 좋을까
그런 마음을 갖는다는 게 애초에 쉽지가 않아서 우리는 기대, 도 하고 실망, 도 하지만 부디 다른 사람에게 기대하는 마음보다 다른 사람의 기대에 부응하려는 마음을 먼저 가질 수 있는 사람이면, 그러면 좋겠다

관계를 유지하는 것과 관계를 만족하게 하는 것이 얼마나 어려운 것인지 점점 더 알게 되자, 점점 더 애쓸 수밖에 없지만 기대가 옵션인 관계의 구속으로부터 점점 자유로울 수 있도록, 에 더 애쓰기로 한다

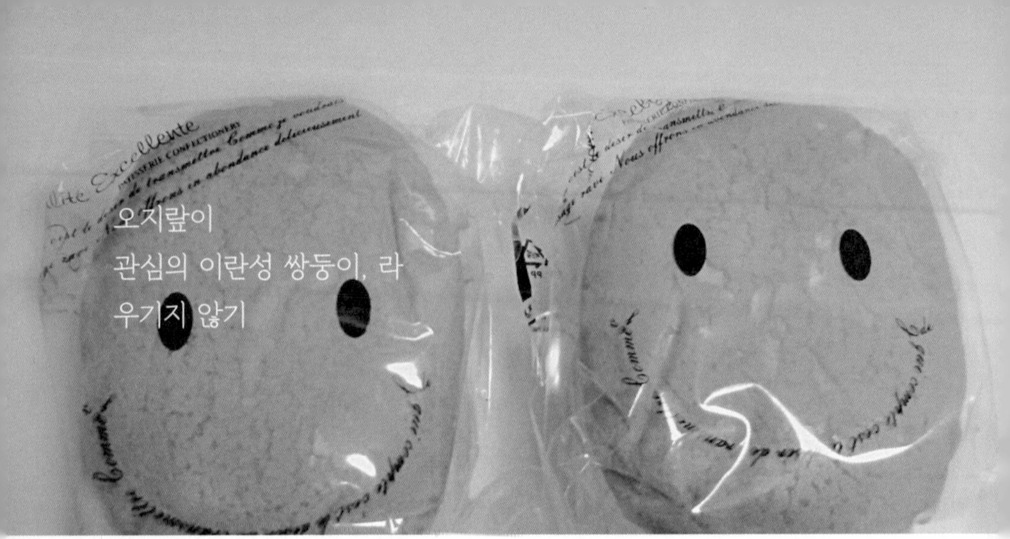

오지랖이
관심의 이란성 쌍둥이, 라
우기지 않기

기대하는 것만큼이나 또, 서로에게 무거운 게 관심이다 지나친 관심이다 그건 지나친 호기심이라고 명명해도 틀리지 않을 것이다

지나친 호기심은 곳곳에서 활약한다 뻔히 다 아는 가족에게보다는 빤히 알고 싶은 사람에게 더 그렇다 하지만 알고 싶지 않거나 관계가 깊지 않은 사람에게 호기심을 보이는 일은 사실 드물다 깊이와 상관없이 호기심을 보이는 일, 그건 오지랖이다

특별히 오지랖이 넓다는 사람들이 있다 어떨 때는 단순한 호기심에서 시작되었을 그들의 비틀린 관심은 물론, 본의 아니게 고마운 일이 될 때도 있다 하지만 대체로, 불편한 일로 끝나버리기 일쑤다

타인의 일에 크게 호기심이나 관심이 있는 편이 아니고 특히나 저에게도 귀찮은 행위일 수 있는 오지랖을 떠는 편은 더욱 아닌데 내 경우에는, 동생에게는 오지랖을 대량 살포했다

생길 줄 몰랐던 동생이었고 늦둥이에 가까운 동생이라 그나마 나이차가 적은 내가 가장 신경 써야 한다는 의무감과 책임감이 있었던 때에 그랬다
그러다가 내가 한량이 되었을 때 밑도 끝도 없이 파고드는 오지랖의 검은 그림자에 치가 떨리고 보니, 동생의 심정을 조금 이해하게 됐다고 할까
그렇게 반성하다 보니, 머리 좀 굵어졌다고 엄마나 언니에게 척하고 조언하던 모습도 어쩌면 오지랖의 또 어떤 형태가 아니었을까 싶은 생각도 들었다고 할까
그래서 오지랖은 관심도 뭣도, 아니라는 결론에 이르렀다

관심, 이라고 확신하고 있을 때 조금 거들떠봤으면 좋겠다
따뜻하고 감사한 그 이름의 단어를 붙인 나의 모든 생각과 행동이
진짜인지 가짜인지, 말이다

누군가가 그건 오지랖이 아니냐고 조심스레 지적해 주는데 생김이 아주 조금 다를 뿐 관심이 틀림없다고 우기고 있진 않은 지, 말이다

전적이 있는 나라면 오지랖이 관심의 이란성 쌍둥이라는 착각을 착각이 아니라고 착각하는 일이 생기지 않기를, 기대에 관한 결심과 더불어 더 애쓰기로 한다

떠났다가 다시 떠나면
언제나 이방인, 이
되어버린다고 해도

떠나는 것이 덜 겁난다
한 번이 어렵고
두 번은 쉽다
세 번, 네 번은 마음이 원하는 대로 하면 그뿐이다

사는 장소, 라는 것을 떠나올 때마다
완전한 낯섦, 완전한 혼자, 인 적은 없었다
친척이 있어서 연중에 한두 번 가 본 적이 있다던가, 어렸을 때 잠시
살았던 적이 있다던가

그런 식으로 어느 땐가는 발 디뎌본 적이 있거나, 누군가는 도움 될 만한 이가 곁에 있었다
그런데도, 오래 머물러 익숙하고 이내 안정되어 편안해진 마음을 포기하고 새로운 장소로 떠나와 두려움으로 딱딱해진 마음이 연해지기까지의 시간을 견딘다는 것은 언제나 쉽지 않았다
게다가 동네에서 동네로 떠나는 것은 도시에서 도시로 떠나는 것과는 상대도 되지 않아서, 일하는 동안 같은 도시에서 겨우 이삿짐 따위 옮기던 때에 견뎌야 했던 시간은 두 번째로 도시에서 도시로 떠나왔을 때는 기억조차 사라질 정도로 하찮아졌다

왜냐면,
어떤 도시에 다시 정착하는 것은 같은 인종, 같은 민족인 것과 하등 상관없이 이방인, 이라는 느낌을 결코 떨칠 수 없게 되어버리는 것을 알아버렸기 때문이다

스스로 드러내지 않으면 알아채지 못하는 사람이 10명 중 10명인데도 서울에서 오래 지내는 동안 지역민의 정서는 서울이 낯설었고, 부산에서 살았던 전적이 있음에도 부산으로 다시 돌아와 생활할 때에는 어느새 서울 생활 중에 스며든 말과 행동이 경상도다움에 이질감으로 작용했다

알게 되었다
삶의 중요한 시기마다 각기 다른 정서를 묻히고 각기 다른 감성을 담아내는 동안 내 속은 꽤 뒤죽박죽 집어넣은 재료들로 반죽이 되어서, 이제, 고유한 한 가지 재료만으로 완성된 사람들과는 달라지고 말았다는 것을 그래도 달라졌다는 것은 말 그대로 다른 것이지 틀린 것은 아니고 그래서 나쁜 것도 아니라는 것, 이지만 삶이 비슷하게 정형된 사람이 아니라면 이해하기 힘들 것이라고 나의 처지를 토로할 때마다 이해받지 못하던 기억을 떠올리며, 이방인처럼 느껴지는 소속 없는 공허함을, 당연하게 받아들이게 되었다

그러니까 내가 만들어낸 지금의 결과에 대해 어떤 때에는 후회도 했고 미련도 남았지만 해서는 안 될, 해도 소용없는 생각이라는 것을 마음으로 받아들이고부터는 이제 나는, 느끼는 대로 산다 이방인으로 산다

좋은 것은,
세 번째 떠나는 것이 그렇게 어렵지 않을 거라는 확신이 생겼다는 것이다 그 확신은, 이미 겪어봤으므로 막연하지 않으며 비교적 구체적으로 그림을 그릴 수 있어 마음까지도 단단히 먹을 수 있는, 경험에서 얻은 용기로부터 비롯된 확신이다 그런 확신을 하고 떠남이 주는 설렘까지 챙기면 떠남은 충만해진다

두려움이 설렘이 되고 설렘이 절정의 행복에 도달하게 되는 짜릿한 과정 때문에 여행 막바지의 익숙함에서 오는 나른한 태도에도 불구하고 또다시 낯선 여행을 하게 되듯,

사는 곳을 떠나 다시 사는 것의 두려움이 설렘이 되고 끝내 행복으로 정착되는 것을 어느새 나는 알아버렸고, 그래서 새로운 곳에서의 삶에 대해 자꾸 생각하고 계획하는 것을 보니, 정말 이방인이다 좋은 것이다

소속감이 없는 공허함에 대해 토로하기도 했지만 사실 누가 어디에서 살든 그 사람은 그 사람이고, 그 사람을 낳은 사람도 그 사람이 태어난 곳도 바뀌거나 사라지는 게 아니라서, 그렇게 최초의 나를 잃을 염려가 없다면 어느 곳을 떠나, 또 어느 곳으로 가, 끝까지 익숙해지는 일은 없다고 해서, 이방인이 된다고 해서, 뭐 어떤가, 괜찮지 않을 리가 없지 않은가,

어느 해에, 나는, 어디에서 살고 있을까 떠나도 좋을 때이지 않나, 생각할 때마다 이방인이 되어 몸은 머무르고 마음은 떠난다
또, 곧, 떠나겠다

여행 가방처럼,
이삿짐처럼

대신 떠날 때는,
가벼운 여행 가방이 좋겠다
이 도시에서 저 도시로 이동할 때
마다 무거워지는 가방은 여행 내
내 방해가 될 뿐이라는 걸
여행의 시간이 길어지면 길어질
수록 알게 된다

같은 맥락에서,
단출한 이삿짐이 편하다
살던 장소에서 살게 될 장소로
옮겨갈 때마다 불어나는 짐은
성가실 뿐이라는 걸
이사가 잦아지면 알게 된다

10대의 나에서 20대의 나, 30대의
나, 로 떠나오는 동안 알게 됐다
떠나온 시간이 길어지자
그렇게 됐다

가볍고 복잡하지 않은 게
떠나가는 중, 인 삶에서
한결 낫다는 것을

여행 가방이든, 이삿짐이든, 시간
이 쌓아올린 관계든 명예든 신념
이든, 덜어내고 버릴 줄 아는 게 현
명하다는 것을

나에게조차 낯선, 사람이 되어 보는 것

나를 떠나는 것, 을 연습 중이다
이전의 나와 다른 사람으로 살아보고 싶다는
생각으로부터 시작되었다

절대 할 수 없을 것 같았던 것,
혼자 여행하는 것
오랫동안 생계형 일자리를 구하지 않는 것
혼자 밥을 사 먹는 것
하루에 몇 권의 책을 읽는 것 외에
아무것도 하지 않는 것
혼자 바닷가에 오랫동안 앉아 있는 것
대학을 졸업할 때까지도 해 보지 않았던
아르바이트를 서른이 훨씬 넘어 해 보는 것
혼자 백화점을 쇼핑하는 것
방 안에 며칠 동안 틀어박혀서
현관 앞에도 나서지 않는 것
혼자 동네 뒷산을 등산하는 것
하루에 세 번이나 낮잠을 자고 끼니를 거르고
침대에서 뒹구는 것
혼자 박물관을 미술관을 영화관을 가는 것

구청이나 시청에서 여는 프로그램에
무료 수강 등록을 해 보는 것
혼자 족발과 소주, 치킨과 맥주,
치즈와 와인을 섭렵해 보는 것
여럿 속에서 생활하던 삶에서
혼자서도 생활이 가능한 삶으로 건너가는 것

그런 것들을 해내고 난 뒤 나의 낯선 용기에 소름이 돋았다 특히 혼자 밥을 사 먹는 최고 난도의 일을 해내고 말았을 때 그런 나 자신에게도 놀랐지만 두세 번을 반복하고 나니 이렇게 아무 일 아닐 수도 있구나, 허탈한 결론이 더 놀라웠고 평생 하지 않을 것 같은 일, 이란 건 없을 수도 있겠구나 싶었다
물론 번지점프나 패러글라이딩이나 스카이점프나 또 물에서 하는 비슷한 유형의, 고소공포증으로는 극복하기 힘든 레저스포츠 같은 것은 평생, 을 조건으로 걸어도 하지 않을 것이 거의 확실하지만 어쨌든 나의 모습이 아닌 것, 나의 모습이었으면 좋겠다고 생각한 것, 나의 모습이 아니어야 마땅한 것, 그런 것들을 계속해서 취하고 버리는 시도를 해 보려고 한다

자신을 성급하게 재촉하다가 별안간 지나치게 낯선 내가 나의 본질조차 잊게 하는 걸 느끼게 되면 뭘 그렇게까지 해야 하나 의문이 들기도 하겠지만, 영 아니다 싶을 때조차 되돌아올 시간이 제법 많이 남아있을 것이어서 아쉬움 없이 낯선 사방팔방으로, 나를 떠밀어 보려고 한다

흔들려도 좋을,
이제, 마흔, 아닌가

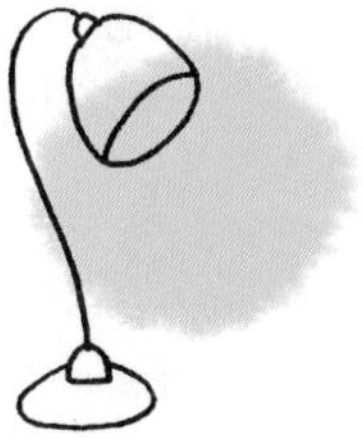

사랑에 대한 정의는
달라지고 만다

그간의 시행착오로 인해 미련한 반복은 그만두자는 마음 때문, 이기도 하고 나이가 들고 경험이 쌓일수록 오히려 겁을 먹게 되는 사랑의 못된 특성 때문, 이기도 하다
그렇다면 사랑의 정의가 달라진다기보다 사랑의 방식이 달라진다는 말이 더 맞나 어쨌든, 달라지고 마는 것이 통상적인 정의의 사랑이라는 것은 아니고 개별적인 해석과 실행이 허용되는 사랑이, 지극히 개인에 의해 정의되니까 그렇다는 것이다
세월이 바꿔버린 딱 지금의 사랑에 대해 받아들일 준비 중, 이라는 것이다 지금에 어울리는 현명한 방식을 모색 중, 이라는 것이다

차라리 좀 더 어렸을 때는 아프고 슬플 것은 개의치 않아서 사랑이 변하는 것이 사랑이 끝나는 것이 두려워서 사랑 따윈 하지 않겠다고, 하지 않았고 사랑의 정점에 다다르지 않아도 사랑의 확신이 없어도 좋아하는 몇몇 조건들이 충족되는 것으로도 미혹되기도 고백해버리기도, 했었다
지금은, 되돌릴 수 없으나 완성되지 않는 것에 조심하게 된다

사랑이 어떻게 변하느냐고 따질 기력도 달리고, 그 끝에 다다를 때를 감지하는 내공도 거추장스럽고, 고백의 후유증 때문에 한심한 짓을 하고 싶지도 않고, 미혹의 책임이 버거우니 시도조차 하지 않게 되고, 이보다 더한 변명거리들을 갖다 대며 겁쟁이를 자처하는 것이다

사랑에서만큼은 어떤 결과를 예측하려 들지 않고 끊임없이 열정적인 사람이, 부럽다 나이와 열정과 품위를 제멋대로 배열한 뒤 타인을 향해 함부로 손가락을 올리는 사람들도 실은, 내심 부러운 것이다
사랑의 열정이 식어가는 자연스러운 현상과 자연스러운 현상을 거스르는 본능적인 천성중 나이에 걸맞은 게 무엇이라고 결코 단정 지을 수 없는 게, 확실하니 말이다
부러운 건 당당하게 부러워해야 한다 비겁하게도, 부러운 것과 상관없이 앞으로는 더더욱 선수를 쳐 도망가거나 모든 게 완전해질 때를 기다리거나, 그렇게밖에 하지 않겠지만

솔직히 고백하자면,

외로움, 을 고독, 에 사기 치다

솔직히 고백하자면,

더 없이 비겁한 것은
나를 속이고 싶지 않지만
나를 속이고 있는 것은

외롭지 않다고 우기는 것이다

고독, 은 외로움, 과 달리 우아한 것이라고
포장하는 것이다

이렇게, 사는 게 어때서

마흔 바짝 앞에서

느릿느릿
마음대로

그렇게 사는 게 어때서

해가 바뀔수록 든 것 내밀 것 없이도 뻔뻔하게 당당하다는데도
허송세월, 이라는 부도덕한 시간이 네 삶을 갉아먹고 있다는데도
아무것도 하지 않으면서 아무거나 하고 있는 네가 한심해 보인다고 하는데도
좋다

누가 보지도 않는 글을 적고, 지우고, 적고, 상심하고, 적고, 뿌듯하고, 적고, 흥분하고, 적고, 또 적고, 단지 그러고 있을 뿐인데
짐승처럼 살며 짐승처럼 누리던 때보다 훨씬 더 행복, 이라는 단어와 친해진 것 같아서
마음에 든다

현실은 늘 불안을 동반한다는 사실이 아무렇지 않다는 건, 거짓말 탐지기에 걸릴 일이다 no touch, 라고 강력하게 의사를 밝혔지만 사정을 봐주지 않는 게 삶이다 대신 불안과 동거하면서도 휘둘리지 않으려는 것이다 철저히 나의 행복을 최우선으로 두려는 것이다

생의 반 정도를 살다가 여기에 도착했으면 사는 것에 대한 책임을 지겠다는 각오가 되어 있다는 것이니까 그가 어떻게 살려 하든, 염려의 마음과 질책의 시선은 거두어도 좋다 영영 그럴 수 없겠다는, 본인과의 관계란에 父, 母, 라고 기재하는 사랑조차도 조금만 떨어진 거리에서 조바심 갖기를 바란다

나는

이렇게

잘살고 있다

이렇게 살다가

삶이 어떤 뜻하지 않은 책임을 물어 온대도

이렇게 사는 게 어때서 그러냐고 당당하게 말할 수 있도록

잘, 살 것이다

그러니 벌써 어떻게 되지도 않은 그의 삶을 이렇게, 걱정하기보다

당신의 삶에 그렇게, 충실했으면 한다

에세이, 를 편애하기 시작했다

내 삶에 치여 어쩔 줄 모를 적에는 다른 삶을 둘러볼 이유가 없었다 숨 하나 돌리고 보니, 내 가족의 삶, 내 친구의 삶, 내 동료의 삶, 그리고 생전 알지 못한 타인의 삶이 보이기 시작한다

갖은 직업의, 다양한 삶을 사는 사람들이 자신의 일상을 빠끔 열어 보인다 문장이 미려하지 않아도 이야기에 폭 빠진다
남의 삶은 이내 다정하다 남의 삶은 끝내 궁금하다 미처 용기 내지 못한, 반 발짝 앞선 용기가 부러워진다

음악이나 영화나 그림이나 책이나 장르를 편식하는 것이 단지 취향으로 결론지어질 수 있는 콘텐츠일 경우라도 이것이 과잉이 되고 저것이 결핍이 되어 절룩거리는 볼품없는 모양새가 될까 봐 걱정이지만, 매일 보던 동료나 종종 만나던 친구나 어쨌거나 힘이 되는 가족 대신

개인적이고 비밀스러운 삶의 노하우를 친절하게 공유하는 일면식 없는 조언자들의 토닥임이 지금은 더 간절해서, 책 읽는 시간의 상당한 조각을 에세이에 할애하게 된다
제 방식대로 잘 살아가고 있는 문장들 덕분에 시야가 넓어지고 사고가 옹졸해지지 않고 무조건 직진하지 않기로 한 결심도 든든해져서, 조금 늦게, 그래도 반 발짝, 새로운 꿈 쪽으로 빠져나와 쓸 만한 삶을 다시 시작한 내가 기특하고 대견하다고 한다

지금부터의 나의 삶도 읽고 싶은 에세이, 가 되었으면 좋겠다고 생각한다 누군가가 읽어야 하는 이야기가 아니라
활자 없이도 들여다보고 싶은 삶이, 쓰였으면 한다 지금 편애하는 에세이처럼 훗날 펼쳐 들었을 때 여전히 애착이 갈 한 권의 이야기를, 지을 수 있었으면 한다

다시 시작할 수 있는 숫자, 40

40이란,
어떤 무게를 가지고 있는 숫자일까
인생의 어디만큼 와 있는 거리일까

어째서 어떤 특정한 숫자는 인생에서 전환점, 이라는 중요한 역할을 맡게 될까
40(마흔) 앞에서는 30(서른) 따위 명함을 내밀 수 없다는 걸 알게 되었듯이 40(마흔) 역시 또 한고비를 맞이할 생의 순간엔 좀 덜 심각해도 되었었다고 회상하게 될까 아무래도 생 전부를 겪지 않은 사람이 내릴 수 있는 결론은 없겠다
그래도 여태 겪어 온 시간을 되새기고, 결국 겪게 될 시간을 상상할수록
40, 이란 숫자가 나에겐 더없이 특별하게 느껴진다

> 마흔 이후 사람들이 훨씬 중후해 보이는 것은 잃어버린 것들의 무게 때문이다. 그 무게와 함께 사람들은 어떤 기술을 터득하기 시작한다. 가슴이 어떻게 상실의 시간과 화해하는가라는 기술이 그것이다. 이 화해를 가리켜 성장, 이라고도 하고 성숙, 이라 부르기도 한다.
> (도정일, 쓰잘데없이 고귀한 것들의 목록 중, 제야의 스쿠루지)

어떤 숫자(나이)의 특별함을 느끼기만 할 뿐 미처 표현할 방법은 찾질 못하고 있는데, 이제 막 마흔이 된 초짜 40이라서 그럴듯하게 피력할 능력의 부재를 느끼는 데, 이미 마흔을 관통한 데다가 깨달은 어떤 것을 멋지게 표현할 줄 아는 한 문장이 과연 성숙했는가, 라는 의문은 들지만 성장한 것은, 틀림없는 어리숙한 어른에게 마흔에 대한 이해를 훌륭히 도와주었다

> 사십 대가 불꽃과 야망, 그리고 희망으로 가득 찼던 이십 대보다 낫다. 심지어 한때 당신을 움직이게 했던 그 희망들이 고통의 원인이 되어버렸던 삼십 대보다도 낫다.
> (제프 다이어, 꼼짝도 하기 싫은 사람들을 위한 요가)

가까운 친구나 가족에게서조차 해답을 찾지 못할 때에는 책이, 삶을 좀 더 구체적으로 설명해주고 이해시키는 꽤 괜찮은 조력자가 된다
마음을 요동치게 하는 문장이 사람마다 다른 것은 아마도, 그때 그 사람의 마음이 가장 필요로 하는 문장을 찾아 헤매기 때문일 텐데 그게 뭐 어떻다는 건가 누군가는 공감하지 못하더라도 어떤 단어로부터 문장을 시작해야 할지 알지 못할 때 이렇게, 내 마음을 대변해주고 나를 응원해주는 문장을 만나게 되는 것으로 충분한데

마흔, 젊음과 비교해도 뒤지지 않는 무엇이 있다고 오히려 미열에 시달렸던 시절보다 평온하기만 하다고 지금이어서 얻을 수 있는 것들로 풍성하게 채워져 있다고, 한다 괜히, 다시 시작해도 아무 문제 없을 거라는 용기가 솟구친다

서른 즈음에는, 젊음을 되돌릴 수 없다고 생각이 드는데 마흔 즈음에는, 인생을 되돌릴 수 없다는 생각을 하게 된다

서른이고 마흔이고 다 지나고 보면 그때도 젊었구나, 그때도 다시 시작할 수 있었구나, 철 지난 읊조림을 뱉게 되겠지만 한 가지 확실하게 알게 된 것은
서른 즈음에는, 뭔가를 바꾸기 위해서는 온몸을 다하는 열정이 필요하지만 마흔 즈음에는, 온마음을 다하여 바꾸려는 진심의 노력이 필요하다는 것이다 무엇을 어떻게 바꿔야 할지 헤매던 서른 즈음과는 달리, 많은 것을 바꿔야만 한다는 걸 충분히 깨달은 마흔 즈음에는 몸이 아닌 마음으로, 그럴만한 각오와 의지로, 보내야 할 것은 마땅히 놓을 줄 아는 여유로, 바꿀 수 있어야 하는 걸 알게 된다

바꾸는 것이 버리는 것이 아니고 다시 시작할 수 있는 것, 이라는 것을 알아 버린다

40, 이란 숫자의 무게는 어쩌면 삶의 총량에 비해 충분히 가벼울 수 있고, 되돌아가나 앞으로 가나 비슷한 거리라서 목표를 바로 잡고 다시 가기로 결심하기에 딱 좋은 거리에 있지 않나, 결론은 내리지 않고 앞으로의 여러 생각의 하나로, 남, 겨, 본, 다

짤막한 중얼거림 II

(어쩌면, 에필로그)

글로 남겨도 되겠다고 생각한 것은,

누군가가 읽어도 상관없다고 긍정적인 마음을 먹게 된 것은,

나의 삶과 내 생각이 누군가와 크게 다르지 않다는 것을 공감 받아 결국,

내가 위로받고 싶다는 소망이 커져서라는 생각이 듭니다.

부끄러움보다 나눔과 의지가 배고픈 시간이 드디어,

닥쳐와서일지도 모르겠습니다.

40,

조금 덜 좋아하는 것을 덜어낼 수 있게 되어서

나를 위해 유효한 것들이 아직 많은 걸 알고 말아서

여전히

삶, 에 허기지는 나는,

서른 너머

펴낸날 초판 1쇄 인쇄 2015년 12월 07일
초판 1쇄 발행 2015년 12월 12일

지은이 윤혜진
펴낸이 최병윤
펴낸곳 알비
출판등록 2013년 7월 24일 제315-2013-000042호

주소 서울 마포구 성산동 275-56 교홍빌딩 302호
전화 02-334-4045
팩스 02-334-4046
이메일 sbdori@naver.com
홈페이지 www.realbooks.co.kr

종이 일문지업
인쇄제본 (주)알래스카인디고
디자인 아홉번째 서재

ISBN 979-11-86173-25-1 03980

값은 뒤표지에 있습니다.
잘못 만들어진 책은 구입하신 서점에서 바꾸어 드립니다.

'알비'는 '리얼북스'의 문학 · 에세이 · 대중예술 브랜드입니다.